# 潮汕八二风灾（1922）

之

孙钦梅 著

中国社会科学出版社

**图书在版编目（CIP）数据**

潮汕八二风灾（1922）之社会救助研究 / 孙钦梅著. 北京 : 中国社会科学出版社，2024. 12. -- ISBN 978-7-5227-4452-0

Ⅰ. P425. 6；D632. 1

中国国家版本馆 CIP 数据核字第 2024BS7309 号

出 版 人　赵剑英
责任编辑　耿晓明
责任校对　赵雪姣
责任印制　李寡寡

出　　版　中国社会科学出版社
社　　址　北京鼓楼西大街甲 158 号
邮　　编　100720
网　　址　http://www.csspw.cn
发 行 部　010-84083685
门 市 部　010-84029450
经　　销　新华书店及其他书店

印　　刷　北京明恒达印务有限公司
装　　订　廊坊市广阳区广增装订厂
版　　次　2024 年 12 月第 1 版
印　　次　2024 年 12 月第 1 次印刷

开　　本　880×1230　1/32
印　　张　8. 375
插　　页　2
字　　数　178 千字
定　　价　58. 00 元

(1)太古洋行之货栈房

(2)太古码头之沉船

(3)大舞台戏院

(4)升平街

(5)正始学校门前

**汕头风灾之惨象（一）**

出处：《东方杂志》1922年第19卷第15期

(1)碕碌天主堂前马路受灾之惨象

(2)(3)存心善堂之收尸

(4)渣甸码头

汕头风灾之惨象（二）

出处：《东方杂志》1922 年第 19 卷第 15 期

# 目　录

# 绪　　论

中国，作为一个有着悠久历史的传统农业大国，在创造了五千年辉煌灿烂文明的同时，也饱受着水、旱、蝗、雹、风、疫、地震等各种自然灾害的侵扰。中国历史上灾荒之多，世罕其匹。美国学者马罗立在1926年所写的《饥荒的中国》（*Land of Famine*）一书中指出，饥荒确实是旧中国的一大特色。从公元前108年到公元1911年，有记载的饥荒就有1828次。差不多在每一年里，总有一个省会闹饥荒。[①] 中国学者邓拓（邓云特）的研究也显示，中国自公元前1766年至1937年的3703年间，各种自然灾害共达5258次，平均约每6个月强罹灾一次。[②] 可见中国历史上自然灾害之频仍。

就各种自然灾害而言，风灾的危害堪比水灾、旱灾。尤其是热带气旋带来的飓风、暴雨和暴潮，对沿海居民生命财产安全危害极大。民国十一年（1922）农历六月十日（8月2日），发生于

① ［美］瓦尔忒·西·马罗立：《饥荒的中国》，吴鹏飞译，上海民智书局1929年版，第2页。

② 邓云特：《中国救荒史》，商务印书馆1937年版，第51页。

潮汕沿海地区的“八二风灾”，即20世纪我国最大的一次台风风暴潮灾。其灾情之重，“亘古未有”“遂至轰动全世界”①，更被中国气象局列为20世纪十大自然灾害之首。在这场重大自然灾害中，8级以上大风持续长达36小时，其中12级飓风持续长达24小时，狂风维持时间之长为广东省气象记录所仅见，汕头、澄海、饶平、潮阳、揭阳、南澳、惠来等东南沿海一大片县市均遭受台风袭击。台风来袭时又赶上了天文大潮，所带来的风暴潮使沿海150公里的堤防悉数溃决，海水倒灌，汕头市平均水深3米，沿海村镇一片汪洋。风灾造成当地大量人员伤亡，根据灾后制作的《汕头赈灾善后办事处报告书》《中国红十字会月刊》等史料记载，估计有10万余人丧生其中，堪称20世纪死亡人数最多的一次风灾。这场台风在当时未被命名，按发生日期，史称八二风灾。此次风灾对潮汕地方社会影响巨大，灾后潮汕地方官府、乡绅精英动员整合当地社会内部力量，并吸纳海内外各地潮属资源，承担起筹办救灾与善后的重任，维持了当地社会的稳定和经济的延续。从中也能看出，民国初年在中央政府职能弱化的背景下，民间社会如何展现力量承担公共责任的事实。

## 一　学术史回顾

大自然有灾害发生，人类也便有了对灾害、灾荒的认识和思考。国内灾荒史领域研究开始于20世纪二三十年代，并出

---

① 《附本处改组意见书》，《汕头赈灾善后办事处报告书》第1期，汕头赈灾善后办事处调查编辑部编印，1922年，第1页。

现了一些有影响的研究成果。就总体灾荒史研究而言，邓云特的《中国救荒史》[①] 是中国救灾史上开创性、里程碑式的经典著作。该书以历史学和社会学的视角，首次系统地呈现了历代灾荒的演变、成因、影响，以及人口流移和死亡、暴乱、战争、经济衰落的真实状况；同时列举分析了历代救荒思想的发展，提出了许多重要而具体的防治途径和措施。该书也是第一部深入探讨历代救灾利弊得失的著作，成为灾荒史研究的集大成之作。时至今日，这本书仍是灾荒史研究领域教科书式的作品，一些观点仍为不少学者所引述。当然，因成书时间的关系和写作体例的限制，使该书在具体内容上缺乏细致的探讨，这为后人研究留下很大的空间。另一部为灾荒史研究者称道的是1939年陈高佣等编的《中国历代天灾人祸表》[②]（4册），汇集了秦王朝以降，直至清代2000余年间所发生的各种天灾人祸资料，并按年代排列，使后人对两千年间中国天灾人祸的了解大体上有了一个轮廓。新中国成立至20世纪70年代末，这个阶段对灾荒史方面的研究曾一度中落，经历了一个萧条的时期，社会科学领域基本上没有相关专著问世，有关灾荒史方面的文章也是寥寥无几[③]。在相当长一段时期内，这一领域研究主要在自然科学界内进行。特别是1960年饥荒发生后，自然科学工作者在水旱等灾害资料整

---

① 邓云特：《中国救荒史》，商务印书馆1937年版。

② 陈高佣等编：《中国历代天灾人祸表》（4册），上海书店1986年版。

③ 郑昌淦、李华：《我国古代备荒的理论和措施》，《人民日报》1965年12月7日。

理及相关研究方面取得了颇丰的成果。社会科学灾害史研究远远落后于自然科学。

改革开放后，随着我国有关“史学危机”的讨论和社会史的复兴，以及中国灾害防御协会号召积极响应参与“国际减轻自然灾害十年”活动，这种情况开始有所改观。20 世纪 80 年代中期，历史学家李文海意识到灾荒史研究所蕴含的深刻现实意义，牵头组建近代中国灾荒史研究课题组，开展了诸多卓有成效的工作，带动了一批相关领域研究者，使中国近代灾荒史成长为社会史一个方兴未艾的重要研究领域，产生了许多具有开创性的著作。如李文海等著《近代中国灾荒纪年》，引用官私文献资料，采取传统的编年体形式，逐年叙述各地自然灾害发生的时间、地点、受灾的范围和程度，并对灾区民众的生活状况和清政府的赈灾措施与弊端予以说明。作者在该书前言中指出，至少有两点是问心无愧的：“一是我们还没有看到哪一本书曾经对这一问题提供如此详细而具体的历史情况”；“二是由于本书使用了大量历史档案及官方文书，辅之以时人的笔记信札、当时的报章杂志，以及各地的地方史志”，从总体来说，基本准确地反映了这一历史时期的灾荒面貌。[①] 该书也由此成为征引率很高的参考书。但正如作者所指出的，该书将时间截至 1919 年，缺少 1919—1949 年这一历史阶段的灾荒状况，就中国近代史来说是不完整的，好像是个“短尾巴蜻蜓”[②]。于是几年后有

---

① 李文海等：《近代中国灾荒纪年》，湖南教育出版社 1990 年版，前言，第 16—17 页。

② 李文海等：《近代中国灾荒纪年续编：1919—1949》，湖南教育出版社 1993 年版，前言，第 8 页。

了《近代中国灾荒纪年续编：1919—1949》[1]，该书系统详细地反映了1919—1949年这30年间中国近代各类灾荒发生的原因、灾况及政府的救灾情形。它同《近代中国灾荒纪年》一道，成为中国第一部全面系统研究近代灾荒史的资料集。《中国近代十大灾荒》[2]则选取近代史上灾情尤为严重、影响极为巨大的十次重大自然灾害进行论述，分析灾荒频发的原因、灾荒和政治的关系、灾荒和社会的关系等，并力图以此探索我国近代灾荒的发生规律。《灾荒与饥馑：1840—1919》[3] 是一本从理论层面专门考察研究近代灾荒史的开拓性著作，具有纲要式近代灾荒简史的性质，对产生灾害的社会因素的研究也具有独到见解。李文海及其课题组的这几部著作也被认为是中国史学界参加联合国“国际减轻自然灾害十年”活动的一个努力。此外，孟昭华编著的《中国灾荒史记》[4] 一书将中国数千年来的灾荒娓娓道来，让人越发感觉中国无年不荒、民生之艰难。张水良的《中国灾荒史：1927—1937》[5] 以历史材料为依据，叙述十年内战时期国民党统治区灾荒的实况、成因及影响，批判当时国内外资产阶级学者的“自然条件决定论”“人口过挤决定论”等错误观点，同时论述了中国共产党领导下革命根据地的生产救灾

---

① 李文海等：《近代中国灾荒纪年续编：1919—1949》，湖南教育出版社1993年版。

② 李文海等：《中国近代十大灾荒》，上海人民出版社1994年版。

③ 李文海、周源：《灾荒与饥馑：1840—1919》，高等教育出版社1991年版。

④ 孟昭华编著：《中国灾荒史记》，中国社会出版社2003年版。

⑤ 张水良：《中国灾荒史：1927—1937》，厦门大学出版社1990年版。

及其取得的巨大成就。张建民、宋俭的《灾害历史学》[①] 作为“中国灾害研究丛书”之一，则立足于20世纪末灾害学研究前沿，分析灾害历史学的性质、研究对象特点、理论基础、研究方法以及资料整理等，并分三个时期系统考察了历史上的灾害及减灾救灾思想，初步构建出历史灾害学的理论框架。刘仰东、夏明方的《灾荒史话》[②]，是一部全面介绍1840—1949年的自然灾害以及与此相关的一些史事的代表性著作，并将灾荒与当时中国的政治、经济、军事和文化等各个领域相联系，体现灾害所造成的社会影响。卜风贤的《农业灾荒论》[③] 汇集作者灾荒理论和灾荒历史研究论文30余篇，讨论了中国灾害学的建立发展、灾害史研究的理论与方法、农业减灾与农村社会发展等问题。张敏在《中国气象灾害史话》[④] 中系统叙述和研究了中国气象灾害以及减灾、救灾和防灾的历史。袁祖亮主编的八卷本《中国灾害通史》[⑤]，是对先秦到清代灾害史的整体研究，尤为可贵。闵祥鹏主编的《黎元为先：中国灾害史研究的历程、现状与未来》[⑥]，邀约当前学界十位知名学者，结合自身研究，展望灾害史研究的未来与趋势。专论某一区域的著作也陆续出现，如袁林主编的《西北灾荒史》[⑦]、王

① 张建民、宋俭：《灾害历史学》，湖南人民出版社1998年版。

② 刘仰东、夏明方：《灾荒史话》，社会科学文献出版社2011年版。

③ 卜风贤：《农业灾荒论》，中国农业出版社2006年版。

④ 张敏：《中国气象灾害史话》，湖北人民出版社2020年版。

⑤ 袁祖亮主编：《中国灾害通史》（8卷），郑州大学出版社2008—2009年版。

⑥ 闵祥鹏主编：《黎元为先：中国灾害史研究的历程、现状与未来》，生活·读书·新知三联书店2020年版。

⑦ 袁林主编：《西北灾荒史》，甘肃人民出版社1994年版。

林主编的《山东近代灾荒史》[①]、彭安玉的《明清苏北水灾研究》[②]、李勤的《二十世纪三十年代两湖地区水灾与社会研究》[③]、汪志国的《近代安徽：自然灾害重压下的乡村》[④]、杨鹏程等的《湖南疫灾史（至1949年）》[⑤]、温艳的《民国时期陕西灾荒与社会》[⑥]，等等。

在灾荒救济方面，李向军的《清代荒政研究》[⑦] 是一本专论清代荒政问题的专著。作者从清代救荒的基本程序与救荒备荒措施、清代荒政与财政、清代荒政与吏治等几个方面对清前期荒政作了总体上的论述。李文海在《晚清义赈的兴起与发展》[⑧]一文中相对完整地概括了义赈，指出义赈这种“民捐民办”救荒活动的出现是一个历史进步，义赈之所以能够迅速发展，主要原因有二：一是它具有相当的组织性，使其救荒的工作效率和实际效果都远较传统慈善机构明显；二是在财力和散赈两个方面弥补了官赈的缺陷。陈桦、刘宗志的《救灾与济贫：中国封建时代的社会救助活动（1750—1911）》[⑨] 分上下两编，主要

---

① 王林主编：《山东近代灾荒史》，齐鲁书社2004年版。

② 彭安玉：《明清苏北水灾研究》，内蒙古人民出版社2006年版。

③ 李勤：《二十世纪三十年代两湖地区水灾与社会研究》，湖南人民出版社2008年版。

④ 汪志国：《近代安徽：自然灾害重压下的乡村》，安徽师范大学出版社2008年版。

⑤ 杨鹏程等：《湖南疫灾史（至1949年）》，湖南人民出版社2015年版。

⑥ 温艳：《民国时期陕西灾荒与社会》，社会科学文献出版社2021年版。

⑦ 李向军：《清代荒政研究》，中国农业出版社1995年版。

⑧ 李文海：《晚清义赈的兴起与发展》，《清史研究》1993年第3期。

⑨ 陈桦、刘宗志：《救灾与济贫：中国封建时代的社会救助活动（1750—1911）》，中国人民大学出版社2005年版。

论述18世纪中期到20世纪初期中国社会中的社会救助活动，以及这一时期社会救助的时代特征及其意义，并从国家救助与民间救助的分析中得出国家作用下降、民间作用上升的结论。余新忠在《道光三年苏州大水及各方之救济——道光时期国家、官府和社会的一个侧面》一文中，以道光三年苏州水灾时的救济行动为例，通过对国家、官府和社会的救灾活动的分析，指出国家救灾手段的经济化和乡赈的社区化是道光时期赈灾的两大趋向，不过社会力量的活跃只是一时分割了官府的部分权力，并不会对国家权威产生直接危害。[①] 吴滔在《清代江南地区社区赈济发展简况》一文中较为深入地研究了清代江南地区形成的社区赈济形态，认为赈济行为的社区化倾向是清代江南社会赈济事业最为显著的地域特征，社区赈济在推动清代江南基层社会结构全面整合方面起了巨大作用。[②] 夏明方的《论1876至1879年间西方新教传教士的对华赈济事业》探讨了西方传教士的对华赈济活动，指出参与救荒使西方的传教事业获得了突破性的进展，同时对中国绅商发起的义赈也有一定的刺激作用。[③] 陈春声在《论清代广东的常平仓》一文中，通过考察清代广东的常平仓认为，仓储在更大程度上其实是一个社会问题，其实

---

① 余新忠：《道光三年苏州大水及各方之救济——道光时期国家、官府和社会的一个侧面》，《中国社会历史评论》第1卷，天津古籍出版社1999年版。

② 吴滔：《清代江南地区社区赈济发展简况》，《中国农史》2001年第1期；《清代江南社区赈济与地方社会》，《中国社会科学》2001年第4期。

③ 夏明方：《论1876至1879年间西方新教传教士的对华赈济事业》，《清史研究》1997年第2期。

质是一种社会控制形式，仓储制度的演变实际上反映了基层社会控制权的转移过程。[①] 余新忠的《清代江南的瘟疫与社会——一项医疗社会史的研究》[②] 从瘟疫这一以往史学研究甚少注意的社会现象入手，通过对清代江南疫情及其与社会互动关系比较全面细致的呈现，探讨中国近世社会的发展脉络、清代国家与社会的关系和清代江南社会的特质等问题，并对中国近世社会变迁、国家与社会关系等问题做出新的诠释，是国内第一部疾病医疗社会史研究专著。曹树基主编的《田祖有神——明清以来的自然灾害及其社会应对机制》[③] 通过对明清以来与自然灾害相关的一些案例或事件的研究，从文化与生态、灾荒与应对、生态政治学等方面深度挖掘自然灾害与人类活动之间的密切关系。孙语圣的《1931 · 救灾社会化》[④] 从社会化的视野，运用历史学、社会学、传媒学等相关理论与方法，对 1931 年大水灾的典型性、救灾社会化的动因与条件、救灾的社会化设置与路径取向、救灾社会化的资源动员与信息交流、救灾社会化的绩效与困境等进行多层次、多角度的考察，是对中国近代灾荒史深入探究的一次新的尝试。中国历史上的防灾救灾思想研究也陆续受到学界关注。康沛竹的《中国共产党执政以来

---

① 陈春声：《论清代广东的常平仓》，《中国史研究》1989 年第 3 期。

② 余新忠：《清代江南的瘟疫与社会——一项医疗社会史的研究》，中国人民大学出版社 2003 年版。

③ 曹树基主编：《田祖有神——明清以来的自然灾害及其社会应对机制》，上海交通大学出版社 2007 年版。

④ 孙语圣：《1931 · 救灾社会化》，安徽大学出版社 2008 年版。

防灾救灾的思想与实践》[①] 对新中国成立以来救灾减灾机制以及防灾救灾思想进行深入论述。张涛等的《中国传统救灾思想研究》[②] 选取典型人物及其思想对中国传统救灾思想主张进行系统梳理和总结。文姚丽的《民国时期救灾思想研究》[③] 通过对这一时期的救灾思想进行分析，指出民国时期我国已初步建立起灾害学的理论体系、初步形成了灾害保障体系、基本完成了荒政思想的近代化转型。在探讨救灾制度方面，孙绍骋的《中国救灾制度研究》[④] 系统考察了我国救灾措施、制度在不同历史时期的基本情况，我国救灾制度的演变以及救灾制度的研究情况。杨乙丹的《中国古代灾荒赈贷制度研究》[⑤] 以具有赈贷功能的备荒仓储为主线，对古代灾荒赈贷的起源、内在规定、运行发展、社会功效等进行梳理考辨。赵晓华的《救灾法律与清代社会》[⑥] 则将灾荒史与法律史结合起来，阐释清代灾赈法律的文献载体、运行机制、因灾恤刑制度、灾荒中的人口买卖制度、耕牛制度、禁烧锅制度等，拓展了灾荒史研究的路径。蔡勤禹等的《近代以来中国海洋灾害应对研究》[⑦]，系统总结近代以来我国应对海洋灾害机制从传统向现代的变革历程，透视中国

---

① 康沛竹：《中国共产党执政以来防灾救灾的思想与实践》，北京大学出版社2005年版。

② 张涛等：《中国传统救灾思想研究》，社会科学文献出版社2009年版。

③ 文姚丽：《民国时期救灾思想研究》，人民出版社2014年版。

④ 孙绍骋：《中国救灾制度研究》，商务印书馆2004年版。

⑤ 杨乙丹：《中国古代灾荒赈贷制度研究》，商务印书馆2023年版。

⑥ 赵晓华：《救灾法律与清代社会》，社会科学文献出版社2011年版。

⑦ 蔡勤禹等：《近代以来中国海洋灾害应对研究》，商务印书馆2023年版。

现代化过程中人与自然、国家与社会及诸多层面的互动，是为数不多的关于海洋灾害的史学研究成果。此外，余新忠等的《瘟疫下的社会拯救：中国近世重大疫情与社会反应研究》[1]、陈业新的《明至民国时期皖北地区灾害环境与社会应对研究》[2]、李庆华的《鲁西地区的灾荒、变乱与地方应对（1855—1937）》[3]、杨琪的《民国时期的减灾研究（1912—1937）》[4]、李军的《中国传统社会的救灾——供给、阻滞与演进》[5]、谢永刚的《中国模式：防灾救灾与灾后重建》[6]、杜俊华的《20世纪40年代重庆水灾救治研究》[7] 等均是相关方面的专项研究成果。

关于救灾主体的研究。以往较多地关注政府荒政的研究，21世纪以来学者对中国红十字会这一国际性组织表现出极大兴趣。池子华的《红十字与近代中国》[8] 第一次全面、系统地再现了中国红十字会的百年沧桑。该书以时间为经，以重大历史事件为纬，

① 余新忠等：《瘟疫下的社会拯救：中国近世重大疫情与社会反应研究》，中国书店2004年版。

② 陈业新：《明至民国时期皖北地区灾害环境与社会应对研究》，上海人民出版社2008年版。

③ 李庆华：《鲁西地区的灾荒、变乱与地方应对（1855—1937）》，齐鲁书社2008年版。

④ 杨琪：《民国时期的减灾研究（1912—1937）》，齐鲁书社2009年版。

⑤ 李军：《中国传统社会的救灾——供给、阻滞与演进》，中国农业出版社2011年版。

⑥ 谢永刚：《中国模式：防灾救灾与灾后重建》，经济科学出版社2015年版。

⑦ 杜俊华：《20世纪40年代重庆水灾救治研究》，重庆大学出版社2016年版。

⑧ 池子华：《红十字与近代中国》，安徽人民出版社2004年版。

“历时性”与“共时性”纵横交织，将近代中国红十字会自成立以来的起与伏、兴与衰、甘与苦、荣与辱、挫折与振起、人事更迭等迂回曲折的演进轨迹，娓娓道来。蔡勤禹的《民间组织与灾荒救治——民国华洋义赈会研究》[①]，将民国华洋义赈会作为透视国家与社会关系的“分析工具”，试图在历史与现实的契合中来窥探和求索转型时期中国本土化的公民社会成长的机理。周秋光的《民国北京政府时期中国红十字会的慈善救护与赈济活动》[②]，对民国北京政府时期中国红十字会所从事的各项慈善救护与赈济活动作了比较详尽的论述，指出中国红十字会的活动表明，慈善是一种社会动力，是调节社会不可缺少的重要手段。张建俅的《中国红十字会经费问题浅析》[③] 讨论了中国红十字会主要之经费来源——捐款、会费、政府补助及经费支出问题，认为对投资理财的重视是其区别于传统慈善组织的重要特点。薛毅的《中国华洋义赈会救灾总会研究》[④]，具体探讨了华洋义赈会在不同时期、不同地区工作的重点和特点，对人们思想行为、价值观念的影响，以及华洋义赈会所倡导的赈济灾民、推动农村合作事业、修筑公路、建设水利工程、举办合作讲习所等活动的历史作用和深远意义。靳环宇的《晚清义赈组织研究》[⑤] 考察了义赈组织的发展演

---

① 蔡勤禹：《民间组织与灾荒救治——民国华洋义赈会研究》，商务印书馆2005年版。

② 周秋光：《民国北京政府时期中国红十字会的慈善救护与赈济活动》，《近代史研究》2000年第6期。

③ 张建俅：《中国红十字会经费问题浅析》，《近代史研究》2004年第3期。

④ 薛毅：《中国华洋义赈会救灾总会研究》，武汉大学出版社2008年版。

⑤ 靳环宇：《晚清义赈组织研究》，湖南人民出版社2008年版。

变过程及其运行实态，同时分析了义赈慈善家的文化和心理特征。朱浒在《民胞物与：中国近代义赈（1876—1912）》[①] 一书中采取事件史和叙事史相结合的手法，呈现近代义赈的整体发展过程及其演进脉络。叶宗宝的《同乡、赈灾与权势网络：旅平河南赈灾会研究》[②] 通过社会网络分析，考察河南士绅交谊、赈灾的台前幕后活动，借此揭示清末民初地方社会“权势网络”的形成与运作。陶水木在《上海商界与民国灾荒救济研究》[③] 一书中围绕上海商界与灾荒救济这一主题，揭示了上海商界在民国灾荒救济中的作用和影响。

关于灾荒影响的研究。李文海在《甲午战争与灾荒》[④] 一文中探讨了灾荒和甲午战争的关系。《论近代中国灾荒史研究》论述了近代灾荒史研究的学术价值与社会意义，指出灾荒问题是研究社会生活的一个非常重要的方面，可以从中揭示出有关社会历史发展的许多本质内容。[⑤] 林敦奎的《社会灾荒与义和团运动》[⑥] 论证了灾荒与义和团运动的发展有着密切的关系，灾荒使饥民、流民成为当时的社会问题，饥民、流民以独特的天灾观激发灾

---

① 朱浒：《民胞物与：中国近代义赈（1876—1912）》，人民出版社 2012 年版。

② 叶宗宝：《同乡、赈灾与权势网络：旅平河南赈灾会研究》，中国社会科学出版社 2014 年版。

③ 陶水木：《上海商界与民国灾荒救济研究》，浙江大学出版社 2020 年版。

④ 李文海：《甲午战争与灾荒》，《历史研究》1994 年第 6 期。

⑤ 李文海：《论近代中国灾荒史研究》，《中国人民大学学报》1988 年第 6 期；《中国近代灾荒与社会生活》，《近代史研究》1990 年第 5 期。

⑥ 林敦奎：《社会灾荒与义和团运动》，《中国人民大学学报》1991 年第 4 期。

民的抗争意识。夏明方的《中国早期工业化阶段原始积累过程的灾害史分析——灾荒与洋务运动研究之二》[①]，详细阐述了灾荒对中国早期工业化过程的影响，认为在清末灾害群发期的历史条件下，自然灾害对中国早期工业化的资本原始积累起了很大的消极作用。在《民国时期自然灾害与乡村社会》[②] 一书中，作者又从灾害与环境、人口、经济、社会等多侧面展开，综合考察和对比研究了民国时期自然灾害和乡村经济、社会的关系，深刻揭示了民国时期灾荒对农村社会的影响，是民国灾荒史研究的一部力作。《近世棘途——生态变迁中的中国现代化进程》[③] 就生态变迁与农村市场、自然灾害与早期工业化、减灾救荒与政治体制的嬗变等方面展开论述，力图从生态变迁的新角度探讨中国早期现代化进程的性质、特点与规律。《文明的“双相”：灾害与历史的缠绕》[④] 则收录其历年来的论文、讲话、访谈和序跋等，展现了作者从生态史角度对中国灾害与历史问题所作的思考。池子华的《流民问题与社会控制》[⑤]，对流民的产生、影响和政府对流民的应对作了深入论述。康沛竹的《灾荒与晚清政治》[⑥]，主要讨论灾荒与政治之间的互动

---

① 夏明方：《中国早期工业化阶段原始积累过程的灾害史分析——灾荒与洋务运动研究之二》，《清史研究》1999 年第 1 期。

② 夏明方：《民国时期自然灾害与乡村社会》，中华书局 2000 年版。

③ 夏明方：《近世棘途——生态变迁中的中国现代化进程》，中国人民大学出版社 2012 年版。

④ 夏明方：《文明的“双相”：灾害与历史的缠绕》，广西师范大学出版社 2020 年版。

⑤ 池子华：《流民问题与社会控制》，广西人民出版社 2001 年版。

⑥ 康沛竹：《灾荒与晚清政治》，北京大学出版社 2002 年版。

关系，揭示晚清灾荒频发的政治原因和灾荒的社会影响。苏新留的《民国时期河南水旱灾害与乡村社会》[1] 论述了民国时期河南省水旱灾害概况、其地区的变动和趋势，考察了社会对灾荒的应对机制、灾荒期的乡村民生，研究了灾荒打击下的乡村经济和灾荒造成的各方面后果。汪汉忠的《灾害、社会与现代化：以苏北民国时期为中心的考察》[2] 主要从现代化的视角入手，以苏北为个案研究灾害发生的地理人文因素、灾害概况、赈济治理与对社会的影响，认为灾荒直接导致苏北现代化的滞后。苏全有、李风华主编的《清代至民国时期河南灾害与生态环境变迁研究》[3]，针对将清政府所采取的一系列救灾措施简单地以“不得力”三字否定的研究现状，通过研究后认为，总的来看，清代前期清政府非常重视荒政，灾荒在造成巨大灾难的同时，也在客观上推动了“义赈”民间进步组织的出现和进步。郝平的《大地震与明清山西乡村社会变迁》[4] 通过考察明嘉靖三十四年华县大地震、清康熙三十四年临汾大地震和嘉庆二十年平陆强地震后，山西社会各阶层民众的应对，阐释社会的发展变迁。

在灾荒史料整理方面，由国家清史编委会资助出版，李文海等

① 苏新留：《民国时期河南水旱灾害与乡村社会》，黄河水利出版社2004年版。

② 汪汉忠：《灾害、社会与现代化：以苏北民国时期为中心的考察》，社会科学文献出版社2005年版。

③ 苏全有、李风华主编：《清代至民国时期河南灾害与生态环境变迁研究》，线装书局2011年版。

④ 郝平：《大地震与明清山西乡村社会变迁》，人民出版社2014年版。

主编的《中国荒政书集成》（12册）[①] 大型史料专书，辑录了宋至清末出版的各类荒政著作，并选编了一些散在的荒政论文，为人们了解历史时期特别是清代重大灾难的实况及其对社会的影响，提供了详尽的珍贵资料，对研究中国救荒思想与救荒制度有着十分重要的参考价值。此外，古籍影印室编纂的《民国赈灾史料初编》（6册）[②]，殷梦霞、李强选编的《民国赈灾史料续编》（15册）[③]，夏明方选编的《民国赈灾史料三编》（36册）[④]，来新夏主编的《中国地方志历史文献专集·灾异志》[⑤]，上海图书馆编的《盛宣怀赈灾档案选编》[⑥]，龚胜生编著的《中国三千年疫灾史料汇编》（5卷）[⑦]，池子华等主编的《中国红十字运动史料选编》（17辑）[⑧]，中国社会科学院历史研究所资料编纂组的《中国历代自然灾害及历代盛世农业政策资料》[⑨]，李文波编著的《中国传染病史料》[⑩] 等，

---

① 李文海等主编：《中国荒政书集成》（12册），天津古籍出版社2010年版。

② 古籍影印室编纂：《民国赈灾史料初编》（6册），国家图书馆出版社2008年版。

③ 殷梦霞、李强选编：《民国赈灾史料续编》（15册），国家图书馆出版社2009年版。

④ 夏明方选编：《民国赈灾史料三编》（36册），国家图书馆出版社2017年版。

⑤ 来新夏主编：《中国地方志历史文献专集·灾异志》，学苑出版社2009年版。

⑥ 上海图书馆编：《盛宣怀赈灾档案选编》，上海古籍出版社2019年版。

⑦ 龚胜生编著：《中国三千年疫灾史料汇编》（5卷），齐鲁书社2019年版。

⑧ 池子华等主编：《中国红十字运动史料选编》（17辑），合肥工业大学出版社2014—2022年版。

⑨ 中国社会科学院历史研究所资料编纂组：《中国历代自然灾害及历代盛世农业政策资料》，农业出版社1988年版。

⑩ 李文波编著：《中国传染病史料》，化学工业出版社2004年版。

对于灾荒史研究均具有较高的文献价值和史料价值。

以灾害学为本位的灾荒史研究也有不少成果产生。史料方面主要有：中央气象局气象科学研究院主编的《中国近五百年旱涝分布图集》[①]，水利水电科学院研究院主编的《清代江河洪涝档案史料丛书》《清代海河滦河洪涝档案史料》《清代淮河流域洪涝档案史料》《清代珠江韩江洪涝档案史料》《清代长江流域西南国际河流洪涝档案史料》《清代黄河流域洪涝档案史料》《清代辽河、松花江、黑龙江流域洪涝档案史料》《清代闽浙台地区诸流域洪涝档案史料》[②]，陆人骥编的《中国历代灾害性海潮史料》[③]，中国科学院地震工作委员会编的《中国地震资料年表》[④]，顾功叙主编的《中国地震目录（公元1970—1979）》[⑤]，张波、冯风等编的《中国农业自然灾害史料集》[⑥]，钱钢、耿庆国主编的《二十世纪中国重灾百录》[⑦]，杨华庭、田素珍等主编的《中国海洋灾害四十年资料汇编（1949—1990）》[⑧]，广东省文史研究馆编的《广东省自然灾

① 中央气象局气象科学研究院主编：《中国近五百年旱涝分布图集》，地图出版社1981年版。

② 水利水电科学院研究院主编：《清代江河洪涝档案史料丛书》，中华书局1981、1988、1991、1993、1998年版。

③ 陆人骥编：《中国历代灾害性海潮史料》，海洋出版社1984年版。

④ 中国科学院地震工作委员会编：《中国地震资料年表》，科学出版社1956年版。

⑤ 顾功叙主编：《中国地震目录（公元1970—1979）》，地震出版社1984年版。

⑥ 张波、冯风等编：《中国农业自然灾害史料集》，陕西科学技术出版社1994年版。

⑦ 钱钢、耿庆国主编：《二十世纪中国重灾百录》，上海人民出版社1999年版。

⑧ 杨华庭、田素珍等主编：《中国海洋灾害四十年资料汇编（1949—1990）》，海洋出版社1994年版。

害史料》[1]，等等。研究论著方面，孔繁文从森林对灾害的经济影响方面着手编写了《森林灾害经济》[2] 一书。郑功成的《灾害经济学》[3] 从明确灾害问题的实质即经济问题着手，以追求灾害损失最小化为研究目标，首次明晰了灾害经济学的架构。郭增建、秦保燕编著的《灾害物理学》[4]，从物理学角度对灾害进行诠释。王子平等从社会学的角度入手，写成《地震社会学初探》[5]。马宗晋等主编的《灾害与社会》[6] 从理论上探讨了灾害与社会间的互动关系。胡鞍钢等的《中国自然灾害与经济发展》[7] 从自然灾害及其对社会经济发展影响的角度，以中国为案例，探讨了人类与自然的关系。《天地生综合研究进展》[8] 对相关自然现象间的规律性关联予以探析。《中国减灾重大问题研究》[9] 以系统科学为主线对我国减灾活动提出了一

① 广东省文史研究馆编：《广东省自然灾害史料》，广东科技出版社 1999 年版。

② 孔繁文等主编：《森林灾害经济》，吉林大学出版社 1989 年版。

③ 郑功成：《灾害经济学》，商务印书馆 2010 年版。

④ 郭增建、秦保燕编著：《灾害物理学》，陕西科学技术出版社 1989 年版。

⑤ 王子平等：《地震社会学初探》，地震出版社 1989 年版。

⑥ 马宗晋等主编：《灾害与社会》，地震出版社 1990 年版。

⑦ 胡鞍钢等：《中国自然灾害与经济发展》，湖北科学技术出版社 1997 年版。

⑧ 中国科学技术协会学会工作部：《天地生综合研究进展》，中国科学技术出版社 1989 年版。

⑨ 中国灾害防御协会、国家地震局震害防御司：《中国减灾重大问题研究》，地震出版社 1992 年版。

个完整的蓝图。李克让主编的《中国干旱灾害研究及减灾对策》[①]系统介绍了中国干旱灾害及其影响和减灾对策。陈颙、史培军编著的《自然灾害》[②]从地球系统构成的角度阐述了自然灾害的形成、特点、影响及防灾减灾措施等。涂勇等的《中国山洪灾害和防御实例研究与警示》[③]以大量翔实的历史山洪灾害记录为依据，分析了2600多年长序列历史山洪灾害的分布特征，全面展现了中国山洪灾害的全貌。陶鹏的《灾害管理的政治：理论建构与中国经验》[④]从政治与行政学角度来分析灾害管理与政治之间的联系与互动，对中国应急管理研究的发展具有重要价值。

在海外，中国灾荒史研究也被视为重要的理论框架和分析工具。如法国学者魏丕信的《18世纪中国的官僚制度与荒政》[⑤]、《养育人民：中国的国家仓储系统1650—1850》[⑥]，美国学者李明珠的《华北的饥荒：国家、市场与环境退化（1690—1949）》[⑦]、艾志端的《铁泪图：19世纪中国对于饥馑

---

① 李克让主编：《中国干旱灾害研究及减灾对策》，河南科学技术出版社1999年版。

② 陈颙、史培军编著：《自然灾害》，北京师范大学出版社2007年版。

③ 涂勇等：《中国山洪灾害和防御实例研究与警示》，中国水利水电出版社2020年版。

④ 陶鹏：《灾害管理的政治：理论建构与中国经验》，复旦大学出版社2018年版。

⑤ ［法］魏丕信：《18世纪中国的官僚制度与荒政》，徐建青译，江苏人民出版社2003年版。

⑥ Pierre-Etienne Will & R. Bin Wong, *Nourish the People*: *The State Civilian Granary System in China*, *1650 – 1850*, University of Michigan Press, 1991.

⑦ ［美］李明珠：《华北的饥荒：国家、市场与环境退化（1690—1949）》，石涛等译，人民出版社2016年版。

的文化反应》[①] 等相关研究，主要集中在唐宋和明清时期，且多关注饥荒与中国政府的功能，饥荒如何与中国的政治经济、人口、生态发生相互影响等。

具体到1922年八二风灾的研究方面，20世纪80年代陈汉初的《华侨、港澳台同胞赈济潮汕“八·二风灾”灾民的追述》[②]一文，对风灾的发生情形、风灾的影响以及华侨、港澳台同胞的赈济活动做了相关描述，借以说明其热心捐助救灾的赤子情怀。但该文作为《汕头侨史论丛》的附录，叙述较为简要。陈春声在《“八二风灾”所见之民国初年潮汕侨乡——以樟林为例》[③] 一文中，以八二风灾后澄海县的一个村庄——樟林为例，着重分为四部分论述阐释风灾后樟林地区的社会救灾动员机制，并就政府和乡村的关系进行深入探讨，是关于此次风灾社会救济方面的较早研究成果。只是受其研究地域范围限制，对风灾后社会各个层面的救灾活动难以全面论及。蔡文胜的《从八二风灾看地方应急救助运作——以澄海县为例》[④] 则探讨澄海灾后地方政府、救灾公所应急救助运作，华侨的捐助行动，以及善堂、红十字会、教会的善后工作。作者指出，面对八二风灾这一重大灾难，地方政府

① ［美］艾志端：《铁泪图：19世纪中国对于饥馑的文化反应》，曹曦译，江苏人民出版社2011年版。

② 陈汉初：《华侨、港澳台同胞赈济潮汕“八·二风灾”灾民的追述》，《汕头侨史论丛》第1辑，汕头华侨历史学会，1986年版。

③ 陈春声：《“八二风灾”所见之民国初年潮汕侨乡——以樟林为例》，《潮学研究》第6辑，汕头大学出版社1997年版，第369—392页。

④ 蔡文胜：《从八二风灾看地方应急救助运作——以澄海县为例》，黄挺主编《第七届潮学国际研讨会论文集》，花城出版社2009年版，第3—15页。

以及各种社会力量都积极参与到灾后应急救助工作中来，群策群力，各种民间力量在其中所起的作用更是不容低估。不过该文囿于篇幅限制，未能展开详尽的论述。李勇、池子华的《中国红十字会救护1922年广东“八二风灾”述略》[①]，简要论述了灾情发生后，中国红十字会总会如何组织救灾，与分会相互配合，取得风灾救护的圆满成功。吴榕青的《潮侨捐资与“八二”风灾后韩师的重建——潮汕华侨在本土教育捐资的个案研究》[②]，主要叙述韩师（省立第二师范学校）遭受风灾后，华侨是如何资助完成其重建计划的，借以说明华侨在潮汕占有举足轻重的地位。詹瑾妮的《1922年潮汕地区“八二风灾”后的赈济活动》[③]对八二风灾后政府、民间以及海外华侨等各种力量的赈济活动作一综合性的考察分析，指出任何一种力量都不足以单独支撑庞大的救灾体系，只有社会各阶层相互配合，形成互动，才能达到全方位的赈济。蔡香玉在《民国潮汕“八二风灾”与教会赈济》[④]一文中则将目光投注于潮汕地区教会团体所展开的救济工作，认为过往关于此次救灾的研究者多从官府与民间救济的角度切入，从救济资源的投入与掌控力度探讨官府与士绅对地方社会控制力的消长。

---

① 李勇、池子华：《中国红十字会救护1922年广东“八二风灾”述略》，郝如一、池子华主编《红十字运动研究》2007年卷，安徽人民出版社2007年版，第101—104页。

② 吴榕青：《潮侨捐资与“八二”风灾后韩师的重建——潮汕华侨在本土教育捐资的个案研究》，《韩山师范学院学报》2001年第4期。

③ 詹瑾妮：《1922年潮汕地区“八二风灾”后的赈济活动》，载左鹏军主编《岭南学》第2辑，中山大学出版社2008年版，第92—95页。

④ 蔡香玉：《民国潮汕“八二风灾”与教会赈济》，载林悟殊主编《脱俗求真：蔡鸿生教授九十诞辰纪念文集》，广东人民出版社2022年版，第770页。

作者利用英国伦敦大学相关档案以及其他中文文献、档案等资料，从教会的受灾经历、经济损失、救济措施、国内外募捐等方面来进行论述，尝试重建一战后英、美、法等国民众通过教会组织参与潮汕地区风灾救济的这段往事。美国纽约佩斯大学李榭熙的《信仰与仁慈：基督教在中国南方的赈灾管理》①，同样是论述教会参与救灾的相关研究成果。此外，《二十世纪中国重灾百录》② 一书收集了 20 世纪中国发生的重大灾害，八二风灾亦在其列。作者熟知潮汕地区的风土人情，收集了大量有关此次风灾的地方志、碑刻和口述资料。其他涉及八二风灾的成果多是对灾情的简单描述。例如，国家科委全国重大自然灾害综合研究组的《中国重大自然灾害及减灾对策（分论）》③ 在民国时期的海洋灾害部分中，引用方志等资料对此次风灾做了描述。马宗晋等主编的《中国气象洪涝海洋灾害》④ 在海洋灾害部分也简要论及了此次风灾。洪永坚等的《中国本世纪死亡最严重的一次台风海潮灾害》⑤ 一文通过史志介绍了此次风灾概况，并对此次风灾中的死亡人数进行考证。总体来看，除了为数不多的从某一侧面进行研究的史学成果外，以往涉及八二风灾的

---

① Joseph Tse-Hei Lee, “Faith and Charity: The Christian Disaster Management in South China”, *Review of Culture*, 2014 (45), pp. 127 – 138.

② 钱钢、耿庆国主编：《二十世纪中国重灾百录》，上海人民出版社 1999 年版。

③ 国家科委全国重大自然灾害综合研究组：《中国重大自然灾害及减灾对策（分论）》，科学出版社 1993 年版。

④ 马宗晋等主编：《中国气象洪涝海洋灾害》，湖南人民出版社 1998 年版。

⑤ 洪永坚等：《中国本世纪死亡最严重的一次台风海潮灾害》，《灾害学》1986 年创刊号。

相关研究大多归属灾害学范畴，所述内容也往往仅限于对灾情的简要描述。

整体而言，灾荒史研究领域勃兴几十年，成果越来越丰富，无论是在“量”还是“质”上，都有了很大进展，“灾荒史研究已经在历史学中占有了自己应有的地位”①。研究路径和视角也不断拓展，“大大突破了早期那种只把目光集中在灾荒内部的局限，依靠对多学科研究方法的综合和多种研究视角的转换，灾荒被引入了更广泛、更深入的问题层面，从而获得了更为广阔的研究空间”②。

但在其成绩的背后，也掩映了明显的不足。

一是从研究对象上看，灾荒史研究往往把重点放在水旱灾害方面，地震与瘟疫也吸引了一些学者的关注，但对其他灾害如海洋灾害则明显研究不足，以历史学为本位的海洋灾害史研究更是缺乏，仅有少量研究成果问世。这一方面是由于资料的相对不足，另一方面也是缘于研究者的重视程度不够。

二是研究方法和视角尚欠完善。当代史学发展的重要趋势之一，就是与其他学科的相互渗透、互相作用和有机结合。对于灾荒史来讲，社会科学同自然科学在研究内容、研究思路与研究方法上的交流互鉴，尤为重要。但综观当前研究，真正灵

① 李文海：《在新的历史起点上拓展中国灾荒史研究》，侯建新主编《经济—社会史评论》第4辑，生活·读书·新知三联书店2008年版，第5—12页。

② 朱浒：《二十世纪清代灾荒史研究述评》，《清史研究》2003年第2期。

活运用跨学科方法开展研究工作的仍在少数。

三是问题意识不强。没有问题就没有真正的史学。历史研究的价值不在于仅仅把历史过程呈现出来，还要回归史实本源，追问历史为什么会生成、作用的机制是什么，同时还要观照学界关注的基本问题和普遍问题，以及在学术思想的脉络中回答现实问题。目前国内灾荒史研究最突出的问题或短板就是问题意识不强。客观而言，国内真正具有问题意识的相关研究成果仍为数不多，相形之下，国外灾荒史研究多具有鲜明的、基于自己价值立场的学术关怀和理论思考。这一点值得我们对比反思。

四是一些研究成果在资料方面下的功夫不足。大多近代灾荒史研究还只限于档案文献资料，对碑刻等实物资料和口述资料等谈不上有足够的重视。

然而，尽管灾荒史研究存在诸多不足，但前人大量开拓性的工作仍为我们今天进一步开展研究奠定了很好的基础，提供了可资借鉴和学习的路径与方法，笔者在前人的研究中也受益匪浅。

## 二　写作缘起及研究意义

本书选择 1922 年潮汕八二风灾作为研究对象，主要源于两个方面。一方面，目前学术界对海洋灾害史的重视程度明显不够。正如有论者所指出的，中国海洋灾害史研究，无论在海洋史学还是灾害史学的建设中，都是薄弱的一环，以历史为本位的海洋灾害史研究更是寥若晨星。在当前的海洋灾害史研究中唱主角的，大多是海洋学界或科技学界的学者，这也使得海洋灾害史研究成了海洋学研究或灾害学研究的附庸。虽然在海洋灾害史料的收集和整理中有历史学者的参与，但就海洋灾害研究的总体而言，诸多领域均是自然科学学者们开拓并唱主角。① 八二风灾名为风灾，实则是20世纪死亡人数最多、经济损失最严重的一次台风风暴潮灾害，从历史学的角度出发，探讨其社会影响和社会各界的救灾活动，并由此探讨近代社会救灾机制的运作以及国家与社会的关系，对社会史和灾荒史研究来说，应是一个值得重视的课题。另一方面，八二风灾发生在广东潮汕地区，这一地区地方社会特色异常鲜明。潮汕地区是我国著名的侨乡，旅居泰国（暹罗）、新加坡（实叻）、马来西亚、越南等海外各地的广大潮籍华侨，在风灾发生后迅速募集巨款和物资，源源不断地送往灾区，在整个赈灾过程中发挥了重要作用。潮汕作为沿海地区，凭借其优越的地理位置，国际社会也给予了很大援助。汕头自1861年开埠后，与国际上的来往交流较多，十几个大大小小的外国领事馆先后在汕头设立。八二风灾发生后，出于各国自身利益的考量，英国、日本、美国、墨西哥、泰国、秘鲁、马来西亚等各国也积极筹募大量款物，散放给潮汕地区的受灾居民。泰六世皇在获悉潮汕风灾后特御赐泰币5000铢赈济潮汕灾民，这在当时朝野引起很大反响。美国红十字会、法国商会、英国商会、天主教会，以及外国公司、基督教等团体组织，闻讯潮汕风灾后也积极施以援助。此外，此

① 于运全：《20世纪以来中国海洋灾害史研究述评》，《中国史研究动态》2004年第12期。

次风灾发生在民国初年，这一时期是中国国家转型和社会近代化历程启动时期，新旧力量转换明显，灾害救治也概莫例外地裹挟于转型、变革的历史大潮中，传统荒政作用的下降与近代新生社会救灾力量的成长对比鲜明，救灾近代化、社会化的特征凸显。因而，这一选题有其自身独特的历史地域特点和研究价值。

自然灾害是关系人类命运的国内外共同研究课题，古往今来世人一直在寻求预防不测的方法。当前继续进行灾荒史研究具有重要的学术价值和现实意义。灾荒史研究的重要目的是让历史与社会现实进行有机的结合，以史为鉴，更好地预防和应对自然灾害。李文海指出，“研究中国近代灾荒史，应该是中国近代史研究的一个十分重要的领域。它一方面可以使我们更深入、更具体地去观察近代社会，从灾荒同政治、经济、思想文化以及社会生活各方面的相互关系中，揭示出有关社会历史发展的许多本质内容；另一方面，也可以从对近代灾荒状况的总体了解中，得到有益于今天加强灾害对策研究的借鉴和启示”[①]。戴逸认为，“近代灾荒史的研究，不仅对理解过去的历史十分重要，而且对今天的建设和未来生活也很有意义”[②]。民国初期是中国历史的大变动、大发展时期，具有不同于传统社会的发展内容和发展方向，救荒随着社会政治、经济结构的变动，西方社会思想的传入，已经成为一场社会化的全面运动，呈现出许多与以往不同的特点。本书尝试对1922年发生于潮汕地区的八

① 李文海：《论近代中国灾荒史研究》，《中国人民大学学报》1988年第6期。
② 戴逸：《重视近代灾荒史的研究》，《光明日报》1988年11月23日。

二风灾进行研究，同时将这一研究置于历史和国家大背景下，从国家与社会、传统与近代两个层面做进一步的分析和总结，希望能为我们今天建立完善社会救灾救助体系提供有益的历史借鉴。

从理论层面看，自然灾害的影响是社会性的，对社会的政治、经济和思想文化均有不同程度的影响。社会为了在各种自然灾害的打击下继续生存和发展，必须使自己的政治组织、经济结构、文化观念适应灾害的防范和抵御。从历史研究的角度，不断思考地理环境和社会发展的关系问题，自然灾害与社会的可持续发展问题，自然灾害作为社会存在对人们的社会意识会产生哪些影响等问题，都具有重要的理论价值。

从现实方面看，中国是世界上自然灾害发生最频繁、灾害损失最大的少数国家之一。我国自古就是灾荒多发国，受灾的深度、广度和频率十分惊人。据相关资料粗略统计，秦汉 440 年，发生灾荒 375 次，年均 0.85 次；三国两晋 200 年，灾荒 304 次，年均 1.5 次；南北朝 169 年，灾荒 315 次，年均 1.68 次；隋 29 年，灾荒 22 次，年均 0.75 次；唐 289 年，灾荒 493 次，年均 1.7 次；两宋 487 年，灾荒 874 次，年均 1.79 次；元 97 年，灾荒 513 次，年均 5.28 次；明 276 年，灾荒 1011 次，年均 3.66 次；清 267 年，灾荒 1121 次，年均 4.19 次。[①] 历史灾荒的发生越来越频繁，危害越来越严重，范围越来越广泛，持

① 包泉万：《承平日久　莫忘灾荒》，《读书》2001 年第 8 期。

续时间越来越漫长。有研究显示：20 世纪中后期中国在 40 多年里，据不完全统计，所发生的灾害平均每年造成近 2 万人死亡，直接和间接经济损失约等于同期国民生产总值的 1/5。[①] 如此规模巨大的灾害及由此而造成的社会后果，已经成为阻碍社会前进的绊脚石。具体到台风潮灾来看，其灾害影响尤为惊人。据联合国公布的资料，从 1947 年至 1980 年全球由台风造成的死亡人数为 49.9 万人，占全球 10 种主要自然灾害死亡总人数的 41%，比地震造成的死亡人数（45 万人）还多，居十大自然灾害之首。中国是世界上受台风灾害袭击次数最多的国家。从 1951 年至 1997 年，平均每年在中国登陆的台风为 7 个，最多的 1977 年达到 12 个，受台风危害较大的地区是中国经济较发达的广东、海南、福建、浙江、江苏、山东等省，平均每个登陆台风造成的经济损失约为 10 亿元，死亡人数数百人。进入 90 年代以后，台风造成的损失呈直线上升趋势，如 1990 年，登陆台风 10 个，直接经济损失达 101 亿元。1991 年，登陆台风 6 个，直接经济损失超过 126 亿元。[②] 2023 年“杜苏芮”超强台风造成福建省直接经济损失 30 余亿元。台风已构成对我国尤其是沿海地区的严重威胁。可以说，人类的演化进程同时也是一部与各种自然灾害抗争的历史。在此意义上而言，以八二风灾作为个案研究，探讨灾荒与环境、自然因素与社会因素之间的关系，

---

① 马宗晋等：《中国近 40 年自然灾害总况与减灾对策建议》，《灾害学》1991 年第 1 期。

② 郑功成：《中国灾情论》，湖南出版社 1994 年版，第 72 页。

掌握灾荒的成因及其发生规律，总结历史人民与风灾斗争的经验教训，对当今国家的灾荒防治工作来说，应具有一定的启示意义。

历史学是一门史料性很强的学科，正所谓“无征不信”“有一分史料说一分话”。本书在写作过程中尽可能多方面占有一手史料，运用大量记载此次风灾的赈灾报告书、风灾特刊、历史档案、地方志、资料汇编、口述资料、碑刻资料等，力求全面反映1922年潮汕八二风灾的历史发生全貌及社会影响，分析在民初“弱国家”的局势下，潮汕地方基层官员如何联合当地士绅精英，发动当地民间力量以及吸纳海内外潮属资源承担救灾责任，开展救急与善后工作，维持当地社会的稳定和经济的延续，实现当地社会共同体的利益目标。可以说，本问题研究最突出的特征是有大量的、直接的一手资料做支撑，如风灾发生后当地政府编印的《汕头赈灾善后办事处报告书》《澄海救灾善后公所报告书》《樟林八二风灾特刊》《澄海八二风灾》《暹罗潮州飓风海潮赈灾会征信录》，以及《潮汕东南沿海飓灾纪略》《慈善近录》《旅港潮州商会三十周年纪念特刊》《香港潮州商会成立四十周年暨潮商学校新校舍落成纪念特刊》等，都是十分珍贵的、难得的一手资料。至于档案资料，笔者曾先后前往汕头市档案馆、澄海区档案馆、潮州市档案馆、广东省档案馆等地查找，亦有不少收获。同时多方收集相关口述和碑刻资料，如澄海县“八二风灾碑记”“修复南砂牛埔堤碑记”“修复德邻东洲堤碑记”“暹罗赈灾纪念亭记”等，以及口述资料“百岁老人谢锦光忆八二风灾”等。此外，本书还参考运用了民国报刊、方志、文史资料、资料汇编等资料。以上历史资料，从不同侧面揭示了事件发生的历史全貌和鲜为人知的一面，为本书撰写提供了丰富的史料支撑。

## 三 相关概念诠释

“社会”。中国古代就有“社”与“会”一类词，表示民间的结社。[①] 但在今日，“社会”一词被广为引用。有时仍专指民间，与“国家”一词相对比而言，如“国家—社会”理论，以朱英的《转型时期的社会与国家——以近代中国商会为主体的历史透视》为代表。作者在文中将“社会”作为与“国家相对应”的范畴。[②] 但有的学者认为，“社会”一词在与国家同时出现时可理解为民间，但单独使用时就不然，具有更广泛而抽象的内涵。如蔡勤禹的《国家、社会与弱势群体——民国时期的社会救济（1927—1949）》，作者在论述社会救济时即包括政府与民间。[③] 笔者对此持同样观点，本书使用“社会”一词，在单独使用时仍包括国家政府与民间，而在与国家相对使用时才特指“民间”上的意义。

“灾荒救济”与“灾荒救助”。“灾荒救济”是指以解决灾

① 参见陈宝良《中国的社与会》，浙江人民出版社1996年版。

② 朱英：《转型时期的社会与国家——以近代中国商会为主体的历史透视》，华中师范大学出版社1997年版。

③ 蔡勤禹：《国家、社会与弱势群体——民国时期的社会救济（1927—1949）》，天津人民出版社2003年版。

荒后生活困难为目的的物质援助活动，它具有目的单一、目标具体的特点，注重解决被救济者眼前的生活困难，而忽视对其长远生存能力的扶助。具体地说，就是粮食、衣着的发放等。“灾荒救助”则试图通过多种形式，帮助被救助对象摆脱困境。救助内容除提供必要的、紧急的生活援助以外，还涉及对被救助者生存能力扶助的有关方面，如教育、技能的培养、生产环境的改善，以及劳动条件的提供等。不少学者指出，灾害的“社会救助”一方面是在当时使灾害的受难者谋求生命的拯救，免除饥寒疾病的威胁，同时更重要的是为受灾民众重新奠定自力更生的基础，使其由于善后救济工作获得之后生活的保障。或者说，它既包括灾害发生时对灾民的紧急救济，也包括在灾后重建时维持灾民的基本生活，以满足其在灾后的基本生活需求。因而，“救助”一词有远比“救济”更广泛的内涵。民国时期，灾荒的救济与传统荒政已有很大不同，不但重视灾荒的救急工作，而且更加重视灾荒的善后事宜。随着近代交通、信息的逐渐发达，灾荒救济近代化的特征越来越明显。另一方面，“救济”往往带有更多的官方色彩，具有一定程度的恩赐性。但就八二风灾来看，除官方的赈济外，更重要的是民间的互助互救、海内外社会力量的“救助”。因此，本书援引“救助”这一概念，尝试更准确全面地阐释八二风灾后社会各界之援助。需要指出的是，这里的“救助”一词仍不同于当今社会学领域的“救助”。社会学领域的“救助”，是指国家和社会对无劳动能力的人或因自然灾害以及其他经济、社会原因导致无法维持最低生活水平的社会成员给予救助，以保障其最低生活水平的一项社会保障制度。本书所指的“救助”，可以说是居于传统—近代之间、正在转型中的、过渡性的灾荒“救助”。

“潮汕”。潮汕是古潮州府与近代汕头市的合称。潮州作为中国的一个地方行政单位，是在1400多年前，“以潮水往复，因以为名”①。自古以来，潮州曾经是州名、路名、府名，在不同的年代，地域范围时有伸缩。明清以后，潮州各县建置大体上已形成，包括潮安县、潮阳县、揭阳县、饶平县、惠来县、大埔县、澄海县、普宁县、丰顺县、南澳县。汕头是近代兴起的城市，并因其兴起而有“潮汕”一词的出现。“潮汕”之名，至迟在1883年就已经使用。在古代，潮州是这一带的行政中心。民国时期，潮汕的行政中心由潮州转到汕头，“潮汕”之名已为习见。

---

① （唐）李吉甫：《元和郡县志》，中华书局1983年版。

# 第一章

## 八二风灾灾情概况

1922年8月2日，广东省潮汕地区发生一场特大风灾，史称八二风灾（俗称“汕头台风”）。又因1922年是壬戌年，故又称“壬戌潮汕大风灾”。这是民国时期发生在潮汕地区的一次“亘古未有”的特大“海风暴潮灾”，破坏强度特别大，其灾情之重，“为滨海一带从来所未有”①。这场风灾引发大暴潮，导致沿海长达150公里的堤防全部溃决，沿海30里内村镇一片汪洋，汕头地区6县1市遭到毁灭性洗劫。风灾中，最高估计有10万人丧生，经济损失达六七千万元。台风于7月27日在北纬14度、东经138度的附近海面出现，8月1日经过吕宋海峡，8月2日晚至3日晨中心经过汕头海岸。当年，汕头没有气象台，只有汕头海关配备少许简单的气象测量仪器。因此，特大台风登陆前，潮汕各地毫无戒备，以致酿成惨重灾难。

---

① 《民国十一年第三季报告附录：附录五：本年八月二日汕头之飓风》，《南通军山气象台年报》1922年卷，1924年，第4—6页。

## 第一节 天降奇祸

《二十世纪中国重灾百录》记载，1922年夏天，在八二风灾到来的数月前，汕头市郊下蓬、上蓬各区一带，曾产生过奇异景象，即“蛙与蛇的自杀”。据说有好多青蛙和蛇，纷纷爬上坟埠野垄上的“刺痨投”（剑麻之类）或其他有刺植物。有的爬高至七八尺或余丈，不少在“刺痨投”叶尾的刺上挂死了。人们见了，莫不称奇。风声传播，汕头各报记者赶往现场，摄影制版，纷纷报道。香港一些报纸也有转载，接连数月青蛙与蛇的自杀，从未间断。

灾发前数天，潮汕一带西北风大吹狂吹，过午不息。本来已届炎热天气，那几天酷热尤甚。夕阳西斜时候，整个天空红云密布，将屋宇和街上行人的脸都映红了。

就在这灾前数日，报纸上记载：厦门的海水骤退，港内好多平日未见海滩的浅海，都露出海滩来，人们争向海滩去寻觅东西。接着，大雨不止。8月2日下午，飓风大作，暴雨倾盆，一场特大风灾几乎袭击了整个潮汕地区。[①]

民国时期有关潮汕的各式文献对此次罕见风灾多有记载。《潮州志·大事志》记载：“八月二日（阴历六月十日）下午三时风初起，傍晚愈急，九时许风力益厉，震山撼岳，拔木发屋，

① 参见钱钢、耿庆国主编《二十世纪中国重灾百录》，上海人民出版社1999年版，第137—138页。

加以海汐骤至，暴雨倾盆，平地水深丈余，沿海低下者且数丈，乡村多被卷入海涛中。已而，飓风回南，庐舍倾塌者尤不可胜数。灾区淹及澄海、饶平、潮阳、揭阳、南澳、惠来、汕头等县市，田园湮没，堤围溃没，人畜漂流，船筏荡折，衣履系于树梢，轮船滥于山上，财生号被风吹上妈屿外之乳蓬山，山东号搁于礐石狗母涵山腰（作者注：财生号、山东号的排水量约两千吨至三千吨），潮汕小火轮二艘搁于潮阳后溪蝴蝶交山腰。受灾尤烈者如澄海之外砂，竟有全村人命财产化为乌有。计澄海死者二六九九六人，饶平近三千人，潮阳千余人，揭阳六百余人，汕头二千余人，统共三万四千五百余人。庐舍成墟，尸骸遍野，逾月而山陬海澨，积秽犹未能清。"①

盐灶清末秀才陈淡如执笔的《盐灶御风潮巨灾纪略》中记载："时过半夜，水从门入，声如瀑布，男女老少死数百命……渔船任其漂流而不能守，牲畜任其溺毙而不能救……数日之间，哀鸿遍野，待哺嗷嗷，稼穑池鱼损失一空，沿海堤岸冲决殆尽……东篱之石丁乡，就是因全乡为水冲去，仅剩一支石丁而得名。南砂、外蚁、凤州一带死者甚众，外砂、塔岗、新溪一带因多泥砌茅屋，不堪水泡，又无山峦可依，死者更众。"②

灾后樟林专门发行的《澄海樟林八二风灾特刊》也记载了风灾的发生过程："樟林于阴历六月十日晚八时许，忽起飓风。

---

① 潮州市地方志办公室编，饶宗颐总纂：《潮州志·大事志》，潮州修志馆（汕头），1949年，第5页。

② 蔡英豪总辑：《澄海八二风灾》，澄海县文物普查办公室，1983年，第2—3页。

初起时，尚不甚大，越久越大。至二时许，猛烈殊甚，海潮暴涨，地势稍低者，平地水深三丈余。屋宇多被决塌，压毙人命数千。天明，尸横遍地，哭声震野，见者莫不恻然下泪。洵有樟以来未有之惨剧也。”①

《汕头市志》亦有记载：风初起时“尚非十分猛烈，迨晚间八时风势转剧。屋宇倒塌声、火灾警笛声、喊救声、震动耳鼓。至十一时涌潮狂涨，有如万马奔腾，无楼之屋或至没顶。是次风大潮高，加之大雨如注，至夜深二时，屋宇倒塌愈多，求救之声渐绝。至四时风势稍缓，天晓出户则见横尸满地，倒树塞途，交通断绝，哀鸿遍野，伤心惨目”②。

此次风灾堪称奇灾。据当地几位健在的老人回忆：睡梦中被大人唤醒，只见水从地砖的缝隙中汩汩冒出，很快就沿着楼梯的梯级，一级级地涨上来……风息水退后，印象最深的是高高树梢上的水线，水线以下，是被咸水浸过的痕迹，树皮显得光滑；水线上，挂满杂草、垃圾，那是原来漂在水面，水退后被树梢的枝丫挂住的。印象同样很深的是，不少又粗又高的巨树被强风连根拔起，甚至被拦腰折断，而很多柔弱的小树却居然存活。还有一些“怪树”，树的枝叶全部被风刮净，只留下光秃秃电线杆似的一根树干，风后不久，就有柔枝嫩叶在粗干的顶部直接长出，整棵树就像一把倒置的扫帚，或者像一个长着

① 樟林救灾公所编：《澄海樟林八二风灾特刊》，1922 年，第 2 页。

② 广东省汕头市地方志编纂委员会编：《汕头市志》第 1 册，新华出版社 1999 年版，第 96 页。

绿头发的老妖怪。有位老人说，使他终生难忘的是当时被从水里打捞起来，排列在土路两旁的一排排死尸，卷着草席，有的露出乱发，有的伸出两只蜡黄色的脚，还有满目狼藉铺在路面上的死鱼、死蛇、死蛙、死鸟。他不解：鱼儿会游水，鸟儿会飞翔，为什么它们也逃不过这场风灾海潮呢？①

曾被派前往汕头办理赈务的旅港潮州八邑商会代表林子丰，数十年后追忆当时惨状，犹觉历历在目："时值深夜，惊涛裂岸，平地水涌，几淹屋顶，居民午夜梦回，趋避无从，舍毁船沉，人畜漂没，汕头、澄海、潮阳、揭阳、饶平滨海地区，受害甚烈，尤以澄海为最，灾情惨重，浩劫空前。综计死亡人数，约达六万有奇。而灾民数十万，嗷嗷待拯，尤为惨重。"②

见诸当地民间、报端及时人记述的资料，记述了此次灾情百态：

> 澄海樟林乡，有一陈姓华侨，建大屋，娶媳妇，双喜临门。亲戚朋友先期到达，新郎却于8月2日当天乘汕樟轻便车回家时，被狂风骤雨阻于半途鸥汀站。而大风灾中，他在樟林的新屋全部坍塌，父母姐妹以及亲戚朋友30多人全部被水冲没。
>
> 汕头市郊大窖乡，有一个六七岁的小童，在大水中紧

① 钱钢、耿庆国主编：《二十世纪中国重灾百录》，上海人民出版社1999年版，第139—141页。

② 周佳荣：《香港潮州商会九十年发展史》，中华书局2012年版，第72—73页。

紧抱住一只大鹅，被水漂至附近的一个三山国王庙内，等到天亮，终于被人救上船。

樟林有一人家，在离樟林10里路的一个乡里聘定一个媳妇。这个媳妇家屋倒塌，全家死完，她的尸体，从十多里外被水流冲至樟林未婚夫不远的溪中，便停止不再流走。天明了，人们认出是某家未婚媳妇，飞报夫家，为其收尸，似乎冥冥之中有所安排。①

老一辈人念念不忘“大船吹上山”“皇帝泅过海”的故事。据说八二风灾发生时，饶平有两条长各数丈、重数吨的大船分别被风吹上远离海岸线数公里的高地上。而当天晚上，澄海外砂乡正在演潮剧，台风一到（当时没有现在的天气预报），海水紧跟着涌上戏棚，扮演皇帝的演员来不及逃走，又无人“救驾”，只好抱着一根楹木，漂到了数十里外的饶平仙岗乡，总算“天子命大”，最终被人救起。②

潮汕地区遭风灾袭击后惨状百出，澄海北部之樟林尤甚：

各社被灾之惨状：自南社官后至东社垂庆里一带之屋宇，约计数千间，尽皆倒塌，死者千余人，其中多系全家覆没。北社河沟边之住屋，亦多崩陷，死者数百人。河美

① 以上参见钱钢、耿庆国主编《二十世纪中国重灾百录》，上海人民出版社1999年版，第145页。

② 李开文、刘霁堂：《自强不息：广东潮汕人的胆气》，广东人民出版社2005年版，第4页。

新兴街等处死约二百人，屋宇亦多倒塌。樟林警察分所长林觉生，全家老幼，尽皆覆没，仅林一人脱险。此次全樟损失约计数百万元，可谓空前之巨劫也。

头充乡之惨状：头充乡距樟林仅里许，系郑弈峦君之先翁所创造，历来附属于樟，故名樟南。该乡男女千余人，此次风灾，全乡覆没，屋宇倒塌无遗，生存者仅百余人，大半受伤过重，多成残废。十一日早逃来樟林，沿途哀泣，状极凄惨。郑弈峦君见而悯之，即指定郑氏宗祠为该乡灾民栖宿，每日米食，由弈峦君供给。

黄子清君之惨死：东社黄子清君，为人厚道，去年创垂庆里新乡，此次因其女出阁，戚属咸至其家帮理嫁务，是竟全覆没（共 40 余人），而垂庆里之屋宇亦倒塌净尽，闻者痛悼不置。

孝妇之殉姑：北社林国长，其家老幼，亦于是晚溺毙，仅存一婢不死。据其婢云：当潮水暴涨时，国长之妻许氏，急诣姑房，见其姑被水淹浸，即弃其五龄幼女以救其姑。旋其姑冻毙，氏泣曰："余拟弃儿援姑，今姑已死，儿又不能生还，余奚生为?"言讫投水而死。此虽为愚孝，然世风浇漓，亦颇足以矫励末俗。

灾民之可怜：北社洪阿留，素以耕作为生，勤俭异常，年来颇有积蓄。此次风灾，住屋被决倒塌，一切家私米谷尽归乌有，并溺毙三女，仅洪夫妇逃生。洪妻因悲痛过度，竟成神经病，日来四处漂流，忽歌忽哭，状极可怜。

灾民之惨状：昨天有一中年妇人，赴三个桥投水，为途人所救起。据谓彼石钉人，此次风灾，全家覆没，仅彼一人漂至盐灶乡（石钉距盐灶约十里），为该乡人所救。今早归来，无家可栖，拟投诸母家（头州乡），殊至母乡，见大好家乡，竟成丘墟，满目凄凉，进退维谷，不得已而寻短见。言讫痛哭不止，见者咸皆恻然。时有某君给以钞票十元，劝其仍觅戚属栖身，该妇始含悲而去。①

当地还有人用一副挽联描述了樟林灾后的悲惨情形：

挽樟林诸叔伯弟兄诸姑姊妹

夫妇相失，父母同归，两句钟，死别生离，泉下相逢应下泪。

智愚不分，老少无别，千余人，波随浪逐，人间何处为招魂。

风灾过后又遇连日大雨，“那些可怜的灾民们，住无室、穿无衣，炊无釜，子悲母，母哭儿，兄伤弟，弟痛兄”，一幕幕凄凉的惨剧令人惨不忍睹！②

此次风灾主要有以下几个特点：一是风灾波及范围广。当时

① 林远辉编：《潮州古港樟林——资料与研究》，中国华侨出版社 2002 年版，第 442—446 页。

② 以上参见《汕头市九百年来自然灾害汇编》（初稿）（水旱风虫 1079—1960），汕头市档案馆，1961 年，第 320 卷。

受灾的区域，成一个三角形，包括汕头、澄海、饶平、潮安、潮阳、揭阳、普宁、南澳、惠来等沿海一大片县市，总面积约5000平方公里，均受飓风袭击。《晨报》称："灾区之广袤，绵亘一市八县，最惨者为澄海汕头，次为饶平潮阳，此因沿海之故。"① 二是多灾并至。八二风灾由台风引起，伴以大雨和海潮，"且不知因电线折断抑煤油池破坏，凡未被水之处，又多发火"②。饶平"此次忽起风灾，受害甚重，闻被海潮淹毙者，不下两千人左右……至二十四分，南风又大作，风势比前尤紧，是时第一津街口壶春酒店，忽告火警，全座被焚"。风暴潮灾甚至引发地震，揭阳县城"本月二日夜十二时，风已剧烈异常，雨亦继至，加以地震，于是倒屋声、喊救声，满城瓦砾横飞"③。农作物的被毁也造成了一段时间的饥荒。更严重的是，灾后环境恶劣，卫生得不到保障，以致霍乱流行。《申报》记载："自上星期三夜间为飓风惨毁后，今又发生虎列拉疫症。"④ 此外，风灾还引起水荒，居民饮水难得，汕头"市内只有葱龙井水可饮"⑤。三是灾害强度大。八二风灾是20世纪死亡人口最多、袭击我国东南海岸最猛的一次特大"台风风暴潮灾"。据汕头气象台记录，8月2日晚9时风速增大至8级，并一直延续到4日上午9时，即8级大风维持长达36小时，其中12级飓风更是持续了整整一天。狂风维持时间之长、灾害强度之

---

① 《飓风为灾后之汕头》，《晨报》1922年9月7日。
② 《汕头风灾之惨状》，《社会日报——北平》1922年8月15日。
③ 《汕头风灾之大惨剧》，《申报》1922年8月13日。
④ 《汕头风灾后之虎疫》，《申报》1922年8月12日。
⑤ 《汕头风灾之大惨剧》，《申报》1922年8月13日。

大是广东省有风记录所仅见。财生号“竟为一浪在八分钟内之时间，打出五十海里之远，若在寻常日航，驶此五十余里，至少经一点半钟。可见其风力之大也”①。樟林新宫门首之石狮，重逾千斤，是晚忽被海潮卷入大厅；东社宫前之旗杆夹，系明季时物，极为坚固，是晚亦被打折；外砂人王某，在北合守围，是晚被风浪吹至莲花庵。夫莲花庵与北合相距20余里，“其风浪之力，竟有若是之大，诚骇闻耳”②。

## 第二节　灾难成因

自然灾害是自然、经济与社会的综合反映。它的形成及其成灾强度既决定于因自然环境变异而形成的灾害频度和强度，也受制于人类活动的影响，还取决于经济结构和社会环境。1922年潮汕八二风灾的发生既有自然方面的因素，也有社会方面的原因。

### 一　自然因素

我国通常将灾变称之为天灾，将灾荒归因于自然。虽然自然条件并不是唯一因素，但八二风灾的发生，无疑是自然现象的反常引起的。沿海地区经常出现台风，但风力如此大的台风在潮汕地区实属罕见。

---

① 《大风中各轮失事情形》，《申报》1922年8月11日。

② 林远辉编：《潮州古港樟林——资料与研究》，中国华侨出版社2002年版，第442—446页。

（一）热带海洋性气候引发灾难

潮汕地区濒临太平洋，属南亚热带海洋性气候，深受海陆季风之支配，台风频发是潮汕气候的一大特点。冬季，出现从大陆吹向海洋的偏北风，天气比较寒冷干燥；夏季，受热带洋面东南季风和赤道洋面西南季风控制，雨量大，气温也高，赤道低气压移到华南一带，这时阳光强烈，热量丰富，风从热带洋面吹来，气候炎热多雨。“在这个季节，当东南季风和西南季风在北纬 5 至 15 度洋面发生冲突时，往往会形成台风，并向西北移动。”[①] 因此，潮汕地区经常会受到台风的威胁。当台风引发暴潮、洪水、泥石流等次生灾害，更可能酿成巨大灾害。

据不完全史料记载，潮汕自宋建隆元年（960）至 1949 年，900 多年中，有 140 年发生风潮灾，共 183 次，其中有 30 年每年发生 2—3 次，有一年发生 4 次（1671）。新中国成立后 36 年间，共发生 38 次。[②] 广东地方志《潮州志》也记载，“粤省沿海，年中自六月至九月多受台风袭击，据上海徐家汇天文台三十一年来（民国前十八年至民国十三年）之记录，计有一百零四次大抵六七月进扰本区”[③]。

---

① 潮汕百科全书编辑委员会编：《潮汕百科全书》，中国大百科全书出版社 1994 年版，第 4 页。

② 广东省汕头市地方志编纂委员会编：《汕头市志》第 2 册，新华出版社 1999 年版，第 1104 页。

③ 《中国海疆文献续编》编委会编：《中国边疆研究资料文库·中国海疆文献续编·沿海形势下 17》，线装书局 2012 年版，第 2499 页。

表 1－1　　民国时期广东各县较大风灾统计

| 县市 | 珠海 | 龙门 | 连县 | 阳山 | 清远 | 和平 | 大埔 | 丰顺 |
|---|---|---|---|---|---|---|---|---|
| 次数 | 3 | 1 | 1 | 3 | 3 | 3 | 1 | 5 |
| 县市 | 汕头 | 潮安 | 潮阳 | 澄海 | 惠来 | 南澳 | 揭阳 | 饶平 |
| 次数 | 7 | 5 | 2 | 6 | 1 | 7 | 3 | 1 |

资料来源：梁必骐主编：《广东的自然灾害》，广东人民出版社 1993 年版，第 59 页。

由表 1－1 可见，民国时期广东各县即遭受较大风灾 52 次，其中以汕头、澄海、潮安、南澳等县为多，来自太平洋的台风往往会影响到潮汕地区。

八二风灾名为风灾，实则是一次由台风引起的“台风风暴潮灾”，而风暴潮的产生，又与台风位置密切相关。“台风风暴潮”在我国历史文献中多称为“海溢”“海侵”“海啸”，以及“大海潮”等，把风暴潮灾害称之为“潮灾”。影响潮汕的台风主要来自太平洋，在台风进入南海东北部时，潮汕一般会受影响。当台风越过东经 120 度，进入东经 114—120 度、北纬 99 度以北的海区以后，对粤东沿海就产生较多的影响，特别是穿过菲律宾北部巴林塘海峡进入南海的太平洋台风，对粤东沿海造成的风暴潮灾害特别严重。[①] 引发 1922 年八二风灾的强台风就是穿过巴士海峡后直冲潮汕而来的。而随着台风中心的逼迫和正面登陆，风力越来越强，狂风、暴雨、大海潮同时出现，其

① 张昌昭主编：《广东水旱风灾害》，暨南大学出版社 1997 年版，第 209 页。

破坏力最强。八二风灾发生前，据徐家汇天文台称，7 月 29 日“加罗林斯岛与玛里亚拉斯岛间有低压现象”，后无线电台又称“新飓风在雅泊岛吕宋同向西北偏西或西北进发”。顾家宅无线电台[①]警报也宣称“飓风进逼巴林塘海峡及台湾岛，八月一日中心点进至台南及吕宋北”，“台湾海峡南及广东海滨，将直接受重大之冲击”[②]。

风暴潮的大小与台风的强度（气压和风力）也有很大关联。历史上发生的潮灾大多是由强风引起。1922 年八二风灾亦不例外，据《申报》记载，“午后九时许，西北风大作，雨亦频来，至夜十一时，风愈大，海潮亦随之大涨……”[③] 台风风力最大时“竟达 12 级”[④]。而西北风之后，风向转横南的时刻，伤害是最惨烈的。“回南”或“横南”一词，潮汕人莫不知晓。当台风达到高潮时，风向便转而为南，此时风力最猛，为害最酷。潮汕八二台风即一例，当强风转南时，海面大小船只被风力驱赶，毁沉无数。强风引起海水咆哮、海潮入侵内陆，引发潮灾。《申报》记载说，“盖飓风中心点经过海面长程，吸水高起，成一圆柱之膨胀物，往往高至二十至二十五尺间，阔达数里，随飓风而进之海水，一触山岩或海滨，即破裂而成尖状之涛，回声甚

---

① 1914 年，上海法租界工部局在顾家宅设立无线电台，每日 2 次向海船播发时间信号和海洋气象预报。

② 《天文台报告飓风经过情形》，《申报》1922 年 8 月 11 日。

③ 《汕头风灾之大惨剧》，《申报》1922 年 8 月 13 日。

④ 汕头市史志编写委员会编辑部编：《汕头市三灾纪略》（初稿），1961 年第 323 号卷，第 17 页。

远，如吹入深湾或江口，则湾内或江口之水即高涨，往往酿成奇灾”①。

此次风灾还有一个特点，即“风尾留”。据幸存者蔡若奎老人记述：“下午二时许，大风猛雨，雨一下达一二小时之久，接着狂风大作，至5时左右，忽然震雷，随着风停雨霁。晴后，日头又现，但虽有太阳，而雷声仍隆隆作响，人们以为风雨已过，台风平息，不加介意，直至7时左右，时日将暮，骤然大风复起，风势一来即很猛，不只是一阵阵，而是一团团，呼呼作声，若论风力几乎是十三、四级，不止十一、二级，那风成团成块地直刮至午夜。约莫一时左右，风转‘横南’，‘涂皮浪’即至，不够一小时涨水即几及睡铺，乡前路下，水深可达公尺半。”蔡若奎老人说：这一次损失之所以会那么惨重，正如传说“风尾留，最惊人”，“人们误以为风雨已过，毫无思想准备，因之沿海船只损失极多”②。

风暴潮能否成灾，在很大程度上取决于最大风暴潮位是否与天文高潮相叠，尤其是与天文大潮期的高潮相叠。每月农历初一至初三和十五至十八这几天是天文大潮期，如果这期间天文大潮碰上风暴潮袭击，最大风暴潮位恰与天文大潮的高潮相叠，则会导致发生特大潮灾。然而，如果风暴潮位非常高，虽未遇天文大潮或高潮，也会造成严重潮灾。八二风灾发生于

---

① 《天文台报告飓风经过情形》，《申报》1922年8月11日。

② 蔡英豪总辑：《澄海八二风灾》，澄海县文物普查办公室，1983年，第77—79页。

1922年8月2日，农历壬戌六月十日，此时虽不在天文大潮期间，但风力甚猛，最快时达12级以上，造成高风暴潮潮位。据当时海关税务司向北京全国海关总署的报告称："装设在海关建筑物上的水位测量计告诉我们，那天水位的高度比平常历年末春分时节的最高水位高出了九英尺之巨。"① 此次台风酿成巨灾并非偶然。

（二）地理环境易发生严重的风暴潮灾

潮汕地处广东省东南部，面临南太平洋，北回归线横贯其间，是跨热带和北温带的一个地区。东北与福建省的诏安、平和两县接壤，西北同梅州市的丰顺、大埔两县为邻。西接梅州市的五华县和汕尾市的陆河县，东南濒临南海。潮汕地貌多变，东北和西北多高山，东南面海。韩江和区内的几条江河自西北向东南流入大海，沿江分布着被低矮丘陵隔开的河谷平原和河口三角洲平原。潮汕海岸线曲折绵长，有许多优良的港湾，主要有汕头港、前江湾、后江湾、青澳湾、深澳湾和云澳湾。汕头港居中国大陆东南沿海之端，内与潮汕各县、赣南地区、闽西南地区均有货物往来，由此总汇出口；外与澳、港、津、沪、台、厦、东南亚以至世界各地，樯楫相接，交通便利。20世纪上半叶，汕头港名列中国第三大港。

然而，大自然在给予潮汕地区众多恩惠的同时，也使潮汕人饱尝了风灾之苦。风暴潮的发生与当地区域的地形特征有特

---

① 汕头市史志编写委员会编辑部编：《汕头市三灾纪略》（初稿），1961年第323号卷，第17页。

殊的关系。粤东沿海的汕头、澄海、饶平等市（县）一带海岸，其风暴潮特别严重，主要原因是汕头港和柘林湾均像口袋形状，当台风把海水推向岸边时，海水易于堆积而难以扩散，因此往往造成比较大的风暴潮灾。[①] 另一种说法是，潮汕之地，“口外有地角突出，易受自台湾海峡南来之飓风。（笔者注：地角突出与台湾海峡之南口相对，形成港道，因此海道较狭，故更易受强台风袭击）当暴风至时，风雨交加，来势甚猛，船舶房屋农作，必受损失。民国十一年八·二风灾，即其着例”[②]。可见，潮汕地区特殊的地理位置亦是八二风灾发生的重要因素。

此外，潮汕地区水网密布、河流纵横。潮汕全区集水面积100 平方公里以上的河流共 31 条，河道共长 919 公里，其中流域面积 1000 平方公里以上的有韩江、榕江、练江和龙江等，此外鳌江、濠江和雷岭水等也是较大的河流，并分别各自注入南海。[③] 诸河之中，韩江为最大，且为粤省四大河之一，韩江是广东省仅次于珠江的第二大河，也是本地区最大的河流；榕江是粤东地区第二条大河，全长 210 公里。主要是南河和北河，经东南穿越汕头市区入海；练江是境内第三大河，全长 99 公里。发源于普宁市北部，横贯普宁市境，经潮阳市注入海门湾；龙江，发源于陆河县和普宁市交界，横贯惠来县境，经神泉港入海，全长 80 多公里；黄冈河发源于饶平县西北部地区，自北向

---

① 张昌昭主编：《广东水旱风灾害》，暨南大学出版社 1997 年版，第 220 页。
② 曾景辉主编：《最新汕头一览》，1947 年版，第 6 页。
③ 陈历明：《潮汕史话》，广东旅游出版社 1993 年版，第 19 页。

南流贯饶平县，至黄冈城分东西两支流入海，全长87.2公里。“诸河虽分别入海，而其下游之三角洲几已连成完整之平原。”流贯本区这五条江河在河谷和河口冲积成大大小小的平原。韩江三角洲是面积最大的平原，流域面积2.9万平方公里。[①] 各河水文易受潮汐影响，尤其是韩江三角洲，“河水随潮涨，每日倒流二次尚潦涨，适遇满潮则潦位急升，潦期因而延长，水患由是加重。犹有进者，本区台风发生之时期，每在高水季，台风本身已可酿成水灾或雨灾，而其阻止水流作用正与潮流相同。三角洲地势低平，全部咸受上述诸种威胁，故当地农田高堤四筑”[②]。

密集的河网虽有利于农田灌溉，但每当汛期来临尤其是风灾发生之时，海潮内灌，造成江河暴涨，河堤毁坏。再加上韩江进入本区之后河道变得比较小，每遇台风风暴潮极易决堤造成涝灾。八二风灾发生之时，河水四溢，田地及周围村舍皆被淹没，使潮汕地区处于一片汪洋之中。因而，此次灾难之酿成除了强台风、海暴潮以外，内陆江河的水灾泛滥也是致灾的重要因素。汕头恰当韩江入海之口，为韩江淤泥冲积而成之三角洲，受害尤烈，以致多有人把此次风灾称为“汕头风灾”。

面对灾祸不断的潮汕地区，难怪史书总结云：“岭东之地，

---

① 潮州市地方志办公室编，饶宗颐总纂：《潮州志·水文志》，潮州修志馆（汕头），1949年，第1页。

② 潮州市地方志办公室编，饶宗颐总纂：《潮州志·水文志》，潮州修志馆（汕头），1949年，第3—4页。

界乎山海之间，在昔山有瘴，海有飓，故历代典守斯土者，莫不心怀颤栗，而无法预防此不测之灾。”①

## 二　社会因素

八二风灾发生的直接原因是潮汕地区的特殊气候和地理环境，天灾造成人祸。但人生活在一定的自然环境之中，同时也生活在一定的社会条件之下，“灾害”变“灾荒”更重要的还取决于当时的社会状况和当地的社会发展程度，以及承载体承灾能力等诸多社会方面的因素。正如恩格斯在批评自然主义的历史观的片面性时所说：“它认为只是自然界作用于人，只是自然条件到处在决定人的历史发展，它忘记了人也反作用于自然界，改变自然界。”② 从广义而言，社会因素指人为的各种社会现象，将人口、政治、经济等包括在内。自然灾害虽为天灾，但人的努力可以减轻或降低灾害的影响，预防对人群社会的伤害。反之，如人的行为考虑不周全或有偏差，则可加重荒歉及其灾害程度。从这个意义上说，人祸又常常加重了天灾。

### （一）军阀混战，防灾工作废弛

1912—1927 年是北洋军阀统治的 15 年，这是中国历史上一个异常黑暗、混乱的时期。在这一时期，直系、奉系、皖系等

---

① 钱钢、耿庆国主编：《二十世纪中国重灾百录》，上海人民出版社 1999 年版，第 136—137 页。

② 《马克思恩格斯选集》第 3 卷，人民出版社 2012 年版，第 922 页。

各系军阀以及其他大小军阀，各自拥兵称雄、割据混战。国家的混战局面导致这一时期财政的混乱，中央政府财政时常陷入危机。随着各省相继独立，中央财政收入日趋捉襟见肘，不得不与帝国主义勾结大借外债。《申报》揭露了当时的财政窘状："现政局根本上之危机，乃在财政二字，其他问题均在其次。据财政界所谈，目下之财政，几于无办法，各省事实上均等于独立，解到中央之款不过零星数万元。"① 外人也指出，中国"政治停顿，财政涸竭"，"解京各款，全为军阀截留，财政情形，陷于破产，殆无恢复办法"②。1913—1925 年度的财政预算如表 1－2 所示。

表 1－2　　**1913—1925 年中央政府财政盈亏情况**　　（单位：百万元）

| 年度 | 岁出总额 | | 公债及借债除外的岁入总额 | 预算盈（＋）亏（－） | |
|---|---|---|---|---|---|
| | 数额 | 指数 | | 数额 | 占岁出总额的百分数 |
| 1913 | 642.2 | — | 333.9 | －308.3 | 48% |
| 1914 | 357.0 | 100 | 357.4 | ＋0.4 | 0.1% |
| 1916 | 472.8 | 132 | 432.3 | －40.5 | 9% |
| 1919 | 495.8 | 138 | 439.5 | －56.3 | 11% |
| 1925 | 634.4 | 178 | 461.6 | －172.8 | 27% |

资料来源：杨荫溥：《民国财政史》，中国财政经济出版社 1985 年版，第 3 页。

① 《最危险之财政情形》，《申报》1922 年 8 月 14 日。

② 《外人眼底之中国》，《社会日报——北平》1922 年 12 月 19 日。

表 1－2 大体显示了中央财政盈亏情况。这些预算数字只是一种大致趋势的概数，并非准确的统计。[①] 导致这一时期财政上大赤字的因素主要有二：一是地方在财政上的割据；二是帝国主义对中国财政的控制，关税支配权和保管权转入外人之手。此外，政府还滥发内债。1918—1921 年是滥发内债的高峰期，至 1920 年，该年正式公债发行数亦达 12200 万元的巨额。[②]

各系军阀更是如此。在广东有粤系军阀拥兵称雄，割据一方。至于潮汕地区，1911 年武昌起义汕头光复后，革命军控制了潮汕各地。然而各派推翻清廷武装义军，互不统属，各据一方，政令不统一，那时自封司令者 13 人，13 位司令争霸，到处掠夺，祸乱潮汕。中华民国成立后人民盼望着有一个安定环境，可是民国初建，潮汕军政混乱，各派纷争。1921 年 3 月，汕头设市政厅，与澄海分治，归省领导，当时省的大权掌握在陈炯明之手。1922 年 4 月，陈炯明叛变革命反对孙中山北伐，即令他的部属盘踞东江潮汕，筹措军饷，以与孙中山抗衡，为了维持庞大的军费开支，不惜滥增捐税、滥发纸币对人民进行掠夺，民脂民膏被搜刮殆尽，且搜刮极具随意性。在这种情况下，“每一个地方军阀都成了百万富翁，有的甚至成了千万富翁”[③]，而

---

① 杨荫溥在《民国财政史》中指出，政府“为了在纸面上减少预算赤字，把岁入各项数字，有意抬高，把岁出各项数字有意压低，是这一时期各年度编制预算的常用手法”。参见杨荫溥《民国财政史》，中国财政经济出版社 1985 年版，第 3 页。

② 杨荫溥：《民国财政史》，中国财政经济出版社 1985 年版，第 22—23 页。

③ 杨荫溥：《民国财政史》，中国财政经济出版社 1985 年版，第 37 页。

潮汕人民却在死亡线上苦不堪言。

健全的赈灾体系可以减缓灾害对社会的破坏，甚至可以做到虽“灾”不“荒”。北洋政府时期军阀混战、财政亏空，军阀对人民大肆搜刮，不但使政府自身几乎无力应对天灾，而且在很大程度上导致人民防灾抗灾能力的下降。在此情形下，城市百业萧条，各地水利设施废弛，有效的防灾系统基本无从建立。国外学者指出，1895—1949 年，中国“农村大众经常陷入一种深重的苦难中，以至于他们除了自己眼下的生存之外，无法关心其他事”①。1922 年八二风灾即在潮汕陷入军阀割据，防风、防汛工作废弛的状态下肆虐于潮汕大地。

（二）潮汕地区人口密集，加大了灾害强度

一个地区的人口密度与灾害的致灾力度直接相关。当灾害发生时，无疑人口越密集的地区死亡人口越多，而人口密集的地区通常又是经济比较发达的地区，因而在很大程度上讲，这样的地区所发生的灾害对财产造成的损失也相对较大。近代以来，广东人口不断增加，人口密度随之增大。广东人口分布的大体格局是：“南多北少，东稠西稀。沿海地区人口稠密，粤北山区人口相对较少；粤东的人口比粤西多，海南岛的密度比大陆小。珠江三角洲、潮汕平原平均每平方公里为 300—1000 人，但是粤北山区和海南岛中部及西南部平均每平方公里在 100 人

① ［法］谢和耐：《中国社会史》，耿升译，江苏人民出版社 1995 年版，第 530 页。

以下，有些地方还不足 20 人。”① 根据 1934 年历史资料统计，广东全省人口密度等级分类见表 1－3。

表 1－3　　　　1934 年广东省人口密度等级分类

| 等级 | 人口密度（人/平方公里） | 县（市）名称 |
| --- | --- | --- |
| 1 | 400 以上 | 广州市　澄海　顺德　潮阳　南海　潮安　揭阳　普宁 |
| 2 | 301—400 | 番禺　中山　新会　开平　东莞 |
| 3 | 201—300 | 台山　花县　三水　罗定　新兴　鹤山　惠来　兴宁　茂名 |
| 4 | 151—200 | 高要　四会　增城　海丰　陆丰　饶平　南澳　梅县　电白　化州　廉江　吴川 |
| 5 | 101—150 | 佛岗　清远　恩平　阳山　郁南　高明　宝安　大埔　五华 |
| 6 | 51—100 | 翁源　从化　英德　高雄　曲江　连县　云浮　德庆　封开　惠阳　博罗　河源　紫金　丰顺　焦岭　平远　和平　龙川　阳春　遂溪　徐闻　儋县　澄迈　临高　琼东　怀集 |
| 7 | 50 以下 | 始兴　仁化　连山　乐昌　乳源　龙门　新丰　连平　定安　万宁　陵水　崖县　琼海　昌江　东方 |

资料来源：广东省地方史志编纂委员会编：《广东省志・人口志》，广东省人民出版社 1995 年版，第 45 页。

该表虽然是 1934 年的统计，但 1947 年以前广东的人口分布格局基本上仍保持清朝中期以后的状况，因而仍可反映民初广东省人口密度情况。由该表可以看出，广东省有两个地区人口比较密集，一是珠江三角洲及其邻接的河谷平原，二是潮汕平原。其

① 朱云成主编：《中国人口》广东分册，中国财政经济出版社 1988 年版，第 67 页。

中澄海县每平方公里高达1260人，潮阳县每平方公里772人。而海南岛的东方县每平方公里只有17人，与潮汕平原的澄海县相比，人口密度相差73倍。此外，1858年（清咸丰八年），汕头开为商埠。汕头市1920年人口就已经超过了10万，1921年设置为省辖市后至1935年居民增至189965人，仅15年时间，人口增加近八成。[①] 在人口如此密集的地区，一旦遭遇自然灾害袭击，毋庸置疑，最直接的后果就是当地居民的大量伤亡。

高密度人口区域通常是经济比较发达的地区，也是风灾后损失相对更惨重的地区。民初时期的潮汕，民族资本主义工业、交通电信事业以及金融业和商业等逐渐兴起，并得到不同程度的发展。20世纪头20年，是潮汕民族工业发展较快的时期。这一时期在汕头开办的机器厂主要有1910年动工兴建、1914年开始营业的汕头自来水股份有限公司（水厂设于庵埠大鉴乡），有竞新、大新、东亚、广裕等针织厂，盛记华洋、大中、中国合记等纱线厂，中国、利艺、振强等织布厂，汉业、华资等卷烟厂，安和、大中美、中华、北平、新发等汽水厂，同化、通商、和和、振球、五华等罐头厂，鸿生、联丰、利章，鸿茂、大成、利强等肥皂厂，汕头、大东等制冰厂，协和、华光、新月、双光等电池厂，耀华、明新、利生等火柴厂，炳盛、大和、强艺等机器厂，名利轩、祺昌、华侨等印刷厂（店），等等。据1931年统计，全市共有各业工厂50余家。此外，潮安、庵埠、澄

① 朱云成主编：《中国人口》广东分册，中国财政经济出版社1988年版，第69页。

海、揭阳、棉湖、潮阳等地也开设一些织布厂、肥皂厂、电池厂、火柴厂等。[①] 近代以来，潮汕的交通电信事业也进入全面发展时期，海运、河运、铁路、公路、航空、电报电话等，一应俱全，大改旧观。此外，农业与以前相比也有了进一步的发展。

经济的发展对潮汕地区的影响是深远的，而自然灾害是无情的，它在造成民众大量伤亡时也严重打击了当地的经济发展。八二风灾使潮汕地区“房屋、农田、盐场、码头、货物、轮船、工厂等皆受重创，而建筑物品之被毁坏与商轮等的失事，仅汕头一方面之损失，足有三千万元之巨”[②]。可见对潮汕地区经济破坏之大。

（三）粮食相对缺乏，降低了承灾能力

潮汕地区北部为粤北山区，南部为潮汕平原，韩江三角洲和榕、练两江流域，平原沃野，居民多从事粮食生产，素称“产米之区”。清朝以来，随着商品经济的发展和人口的不断增加，人多地少的矛盾日益突出，粮食多不能自给，尤其是自康熙后期起，由于政局趋于稳定、商品经济的发展和人口的增加，粮食供应处于紧张状态。潮阳、揭阳平原沃野，适宜粮食种植，明清以来一直是重要的粮食供应地，潮州之粮多半取于该地。明朝中后期，由于潮州商品经济和走私贸易的发展，江西赣州一带成为潮州新的粮食供应地。然而，上述两地的粮食已经远

---

① 洪松森：《潮汕近代工商业述略》，中国人民政治协商会议广东省委员会文史资料研究委员会编：《广东文史资料》第 70 辑，广东人民出版社 1993 年版，第 62—63 页。

② 《汕头风灾损失之沪闻》，《申报》1922 年 8 月 10 日。

远不能满足潮州地区日益增长的粮食需要，“至乾隆二年（1737），潮州已直接派人到台湾买米，而台湾一地主要供应福建本省之需。在整个东南沿海一带粮食供应紧张、物价飞涨的情况下，为了维护社会稳定，清政府开始考虑以暹罗、越南等国之米以济不足”[①]。据史料载，“暹罗与中国间的帆船贸易，每年在五、六、七月大约有七八十只帆船自暹罗启程，载着米、苏木、槟榔等物，由广东南岸的潮州人驾驶”[②]。除暹罗外，越南也是潮州进口大米的重要来源地，如乾隆三十二年（1767），“澄海县民人杨利彩（从越南）运回洋米2700石，民人蔡启合运回洋米2200石，林合万运回洋米1800石、谷500石，蔡嘉运回洋米2600石，姚峻合运回洋米2200石，陈元裕运回洋米2200石”[③]。从越南运到潮州的米谷数量之大可见一斑。

潮州地区的粮食供应之所以如此紧张，原因有多方面。

首先，人多地少的地理环境在很大程度上影响了粮食生产。“生产技术的落后使所占土地的多少成为体现生活水平的重要因素，占有土地多，收成相对多些，生活就会多一些保障。而在民国时期大多数农民所占土地不足是普遍现象。”[④] 潮汕地区以人多

---

① 王元林等：《明清时期潮州粮食供给地区及路线考》，《中国历史地理论丛》2005年第1期。

② 朱杰勤：《东南亚华侨史》，高等教育出版社1990年版，第117页。

③ “中央研究院”历史语言研究所编：《明清史料》庚编下册，中华书局1958年版，第1533—1534页。

④ 复旦大学历史学系、复旦大学中外现代化进程研究中心编：《近代中国的乡村社会》，上海古籍出版社2005年版，第85页。

地少著称，其北部是广袤的山区，“山地和丘陵约占本区总面积的70%”①，海阳、饶平沿海地带人民半不务农，而以渔盐为生。只在韩江三角洲和榕、练两江流域的平原尚有一定的农田可耕，但只有这一地区的粮食生产远远不能满足潮汕地区日益增长的人口需要。特别是澄海，地幅狭小，可耕地较少，且地势低下，常有咸潮，可种稻耕地只占十分之四五，居民多靠海为生。②

其次，人口的迅速增长增加了粮食的消费。康熙二十二年（1683）至乾隆年间，社会安定，政治经济文化有了较大发展，是清朝的全盛时期。100 年的康乾盛世，潮州社会、经济、人口都有新发展。据地方志记载：1662 年（康熙元年）的潮州有 144065 人，1730 年（雍正八年）有 204401 人。进入嘉庆之后，社会矛盾不断尖锐地暴露出来。1818 年（嘉庆二十三年）潮州人口达到 1405180 人，突破 140 万人，比雍正八年增加 6 倍，土地却增加很少。1928 年（民国十七年）有 4618270 人；澄海县 1746 年（乾隆十一年）有 29633 人，1818 年（嘉庆二十三年）有 90511 人，1914 年（民国三年）有 439335 人；潮阳县 1730 年（雍正八年）有 23478 人，1815 年（嘉庆二十年）有 254219 人，1928 年（民国十七年）有 857650 人。③ 其他地区如潮安、饶平、惠来、大埔、南澳等县人口也都有了很

---

① 黄挺、陈占山：《潮汕史》上册，广东人民出版社 2001 年版，第 15 页。

② 广东省澄海市政协文史资料委员会、广东省澄海市旅游局编：《澄海文史资料》第 18 辑，1999 年，第 139 页。

③ 摘自潘载和纂修《中国地方志集成 · 广东府县志辑 25 · 民国潮州府志略》户口志表格资料，上海书店 2013 年版，第 772—780 页。

大的增长。可见，潮汕地区自清代以来至民国初年人口呈迅速增长的趋势。庞大的人群与有限的耕地形成反差，有限的粮食与粮食的高消费形成了对比。

再次，经济作物的大量种植影响了粮食的种植面积。潮汕属南亚热带海洋性气候，后有高山作屏障，前临浩瀚的南海。受海洋气流影响，冬无严寒夏无酷暑，四季如春，温和湿润，适宜多种经济作物的种植。清代记载澄海县种植的经济作物主要有："荔枝、龙眼、枇杷、金橘、羊桃（阳桃、杨桃）、柚、柑、橙、橘、李、梨、柿、石榴、葡萄、橄榄、甘蔗、菠萝蜜、杨梅、杧果（芒果）、香蕉、乳瓜等30多种水果。"① 其中甘蔗的种植面积最大，加工规模也很大，"每年当甘蔗收获时，潮州本地人手不够用，还要雇用大量的雷州、琼州的民工进行榨糖"②。清乾隆年间潮阳县令李文藻曾咏道："岁岁相因是蔗田，灵山脚下赤寮边。到冬装向苏州卖，定有冰糖一百船。"③

表1－4　**潮汕各县主要农作物耕地面积统计**　（单位：亩）

| 作物类别／县别 | 植稻面积 | 植麦面积 | 植薯面积 | 植花生面积 | 植蔗面积 | 植柑面积 |
|---|---|---|---|---|---|---|
| 潮安县 | 720000 | 8000 | 32000 | 9000 | 35000 | 20000 |
| 潮阳县 | 920000 | 2000 | 55000 | 8000 | 45000 | 10000 |

① 《澄海县志》卷23物产，清嘉庆二十年。

② 王元林等：《明清时期潮州粮食供给地区及路线考》，《中国历史地理论丛》2005年第1期。

③ 林济：《潮商史略》（商史卷），华中科技大学出版社2001年版，第9页。

续表

| 作物类别<br>县别 | 植稻面积 | 植麦面积 | 植薯面积 | 植花生面积 | 植蔗面积 | 植柑面积 |
|---|---|---|---|---|---|---|
| 揭阳县 | 1056000 | 2000 | 50000 | 17500 | 90000 | 2000 |
| 饶平县 | 486000 | 7000 | 30000 | 8500 | 5000 | 5000 |
| 惠来县 | 560000 | 10000 | 40000 | 35000 | 16500 | 400 |
| 大埔县 | 150000 | 30000 | 70000 | 1800 | 2500 | 80 |
| 澄海县 | 340000 | — | 55000 | 7500 | 6000 | 700 |
| 普宁县 | 400000 | 3500 | 37000 | 7800 | 15000 | 3500 |
| 丰顺县 | 182000 | 12000 | 40000 | 25000 | 40000 | 120 |
| 南澳县 | 16500 | — | 250 | 300 | — | 40 |
| 合计 | 4830500 | 74500 | 409250 | 120400 | 255000 | 41840 |

资料来源：潘载和纂修：《中国地方志集成·广东府县志辑25·民国潮州府志略》实业志之农业，上海书店2013年版，第632页。

注：按本表所列植稻面积，较财政厅民国二十五年（1936）调查之各县农田面积为多，此系估计数字，或可能连围田、潮田山禾合计。植麦、植薯又因农时与稻田不同，此两项作物或可能于稻田栽培，原资料俱未加说明，且各作物栽植面积调查时间不能厘一，以致合计自难符前表农田总面积数字。

潮汕各县主要农作物耕地面积统计如表1－4所示，系据广东农林局1935年调查估计统计而来。从表1－4可知，潮汕各地仍以水稻种植为大宗，但是仅甘蔗一项的种植面积所占的比例却很大，仅次于植薯面积，并远远大于植麦面积，而花生的种植面积也有12万亩之多。甘蔗、柑等经济作物的大量种植，使潮汕地区的粮田面积比例大为降低，粮食供应紧张在所难免。

最后，非农业人口的比例上升，也在一定程度上影响了粮食的生产。明清时期潮州采矿业和手工业的发展吸引了大量的农业人口，使非农业人口大量增加，从而给粮食的供应增加了一定的压力。[①] 潮汕采矿业在古代已开采银、锡、瓷土等，近代更是大量开采，此种情形延至民国时期有过之而无不及。此外，潮汕人因生活所迫多下南洋创业，粮食生产也必然受到影响。据史料记载，“潮梅地窄人稠，内地耕稼营商两途实不足以容纳众多之人类。且自汕岛开港以后，交通便利，从而物价高腾，生活之程度日艰，因之经济之压迫日甚。贫民穷一日之力，所得仅足以赡其个人之一身，而家庭之赖以为活者，实无术足以兼顾，坐是不能不远渡重洋，别求谋生之路”[②]。该地区也因此成为著名的侨乡。

可见，潮汕地区因其自身独特的地理环境、密集的人口、经济作物的大量种植以及非农业人口的比例上升，产量大打折扣，粮食供不应求。民国前期，军阀混战，潮汕民众大量外出谋生，本就相对不多的耕地仍有大片弃荒，在很大程度上影响了粮食的生产。在这种情形之下，当地的粮食几乎谈不上什么储备，官方的常平仓、积谷仓和民间的义仓、社仓等传统的赈灾体系逐渐瓦解而变得形同虚设，起不到实质性的救灾作用。

---

① 王元林等：《明清时期潮州粮食供给地区及路线考》，《中国历史地理论丛》2005 年第 1 期。

② 萧冠英：《六十年来之岭东纪略》，中华工学会 1925 年版，第 97 页。

## 第三节　严重的灾情

就历史上各种自然灾害而言，对风灾关注较弱，但它的破坏力和危害并不在水旱灾之下。1970年孟加拉特大台风，2008年缅甸风灾，2013年席卷菲律宾和中国沿海地区的超强台风“海燕”，足以让我们认识到风灾可比任何灾难都更让人惊心动魄。20世纪20年代，潮汕地区尚无近代气象观测机构，八二风灾的出现对当时人们来说猝不及防，所造成的损失异常惨重。史料称，其“灾情之重，实为中国沿海历来所未有”[①]“祸害之烈”“开千百年未有之惨劫也”[②]。这场灾难给潮汕人民的生命财产带来巨大威胁，造成当地居民的大量伤亡、流移，经济上的重大损失，以及民众心理的极大创伤。风灾过后，灾区环境卫生恶化，部分地区还引发了瘟疫。1918年潮州地区突发的戊午大地震，强度达到7.3级，死亡六七百人，被“视为斯地所受最可怖之天灾”，后人常把它与八二风灾并称为20世纪初潮汕两大巨型灾难。但若以其损失，与八二风灾损失相较，“乃犹相差甚远”[③]。八二风灾灾情“较之戊午地震灾情倍重，死者无以为殓收，生者无以自存，遍

---

① 《广生搭客述汕头风灾惨状，汕埠完全摧毁》，《申报》1922年8月11日。

② 《汕头市被灾概况》，《汕头赈灾善后办事处报告书》第1期，汕头赈灾善后办事处调查编辑部编印，1922年，第1页。

③ 《外人调查汕头灾情之报告》，《申报》1922年8月27日。

地灾民流离失所，饥寒疾病惨目伤心”[①]。

## 一　人员大量伤亡、流移

八二风灾既被称为我国20世纪死亡人口最多的一次台风风暴潮灾，最明显的特征当属人员的大量伤亡。但此次风灾中，人口死亡到底多少，有多少生命被大海潮席卷而去，至今未有确数。各种史料所见，最高估计为10万，最保守的说法是3万余，至于伤残，则无法胜计。根据《汕头赈灾善后办事处报告书》第1期记载：“此次风灾，汕市一隅房屋损坏、货物损失者难以数计，压毙淹没者数千人，外如澄海、饶平、潮阳濒海一带居民毙命者在十万人以上，现在流离失所者，尤惨不忍视睹。”[②]《慈善近录》称：“潮汕巨灾，千载浩劫为从来所未有。淹毙人民不下十万之多，损失财产约计三千万元之巨。”[③]《东华三院百年史略》亦称：1922年“六月，潮汕等地为飓风猛袭，沿海各县受灾害而死亡者十数万人，塌屋倾宇不可胜数”[④]。《益世报》同样记载称：汕头风灾，“直接死于者已数十万人，其老幼无依间接而死者更不可胜数也”[⑤]。《汕

① 《关于赈灾来往函电》，《汕头赈灾善后办事处报告书》第1期，汕头赈灾善后办事处调查编辑部编印，1922年，第5页。

② 《关于赈灾来往函电》，《汕头赈灾善后办事处报告书》第1期，汕头赈灾善后办事处调查编辑部编印，1922年，第1页。

③ 《中国红十字会上海总办事处出发两次救护队救疗潮汕巨灾》，中国红十字会办事处编《慈善近录》，1924年，第39页。

④ 东华三院百年史略编纂委员会编：《东华三院百年史略》，香港东华三院，1970年，第183页。

⑤ 《汕头风灾之所感》，《益世报》1922年9月6日。

头港志》则记载：“约有居民八万多人被淹没。”① 《申报》称：“若最后测定死亡数目在七万五千人以外，亦无可惊异。”② 上海青年会委员西人高赖斯亲往汕头一带调查后称：“前数日各报记载，谓汕头此次风灾死者达五万人，谁知照今日调查，已有七万五千人。恐经详细调查后，尚不止此数。”③《潮汕东南沿海飓灾纪略》称：“潮汕沿海三百余里，居民压溺毙命者五万余人，伤者倍之，乏栖息衣食者四十余万。”④《益世报》“汕头风灾之情报”称：“北京接到官电，此次汕头风灾，计死于非命者共五万人。”⑤ 《晨报》亦报道称：“此次汕头风灾，计死于非命者共五万人，无家可归者共十万人。”⑥ 而根据《潮州志》记载，死亡人数3万有余：“计汀海（澄海）死者二六九九六人，饶平近三千人，潮阳千余人，揭阳六百余人，汕头二千余人，统共三万四千五百余人。”⑦

对于此次风灾中的死亡人数究竟有多少，汕头市史志编纂委员会曾做过研究：“经汕头市史志编纂委员会考证，认为这次台风的死亡人数，各资料所载不同，实际死亡不止《潮州志》

---

① 汕头市史志编写委员会编辑部编：《汕头市三灾纪略》（初稿），1961年第323号卷，第16页。

② 《外人调查汕头灾情之报告》，《申报》1922年8月27日。

③ 《各界筹募潮汕灾赈十六志》，《民国日报》1922年8月27日。

④ 陈梅湖：《潮汕东南沿海飓灾纪略》，汕头市档案馆馆藏资料（地方志）1922年第78号卷，第1页。

⑤ 《汕头风灾之情报　死于非命者五万人》，《益世报》1922年8月11日。

⑥ 《汕头风灾死亡共五万人》，《晨报》1922年8月11日。

⑦ 潮州市地方志办公室编，饶宗颐总纂：《潮州志·大事志》，潮州修志馆（汕头），1949年，第5页。

上所载之数。例如《潮州志》记载潮阳死千余人，但据当时潮阳县救灾所调查上报3301人。”“再者根据当时汕头市消防队长郑子弼所记录实情：‘汕头市这次台风死亡人数有户口可查者40000余人，而临时流动人口、停泊港船民无法统计’。以上潮阳和汕头的死亡人数都比《潮州志》上所记得多。”[①] 我国著名气象学家竺可桢也考证了此次风灾，认为有7万余人在其中丧生，更多的人无家可归流离失所。[②]

尽管对风灾中具体死亡人数尚无定论，但有一点不难看出，那就是此次风灾致死人口数量庞大，与潮汕地区总人口相比死亡人数所占比例也很大。相关史志、报刊等对潮汕主要受灾县市的人员伤亡具体状况有详细描述和呈现。

澄海一区死亡人数最多，死亡过半的乡村比比皆是。据《澄海救灾善后公所报告书》记载，“八二风灾澄海最烈，除上中区外几尽成泽国，倒屋五万，死人半之，为灾之剧，盖自设县以来未有也”[③]。《汕头赈灾善后办事处报告书》第1期之《澄海县报灾快邮代电》记载称：“我澄本分十区，此次风潮尤以沿海各区受灾为重。盖风力挟海潮而至，奔腾澎湃，有高至一二丈者，人民奔至无门，故多及于难查。受灾以上蓬区为最

---

① 洪永坚等：《中国本世纪死亡最严重的一次台风海潮灾害》，《灾害学》1986年创刊号。

② 国家统计局、民政部编：《中国灾情报告（1949—1995）》，中国统计出版社1995年版，第265页。

③ 澄海救灾善后公所编：《澄海救灾善后公所报告书》序，澄海救灾善后公所印，1924年，第1页。

巨，次则东陇区、苏南区、樟林区、鮀江区、下蓬区、鳄浦区、下外区，而上外、中外两区又次之，计死亡共三万余人。当时流尸遗骸到处皆是，收不胜收、敛不胜敛。”[①] 而“受灾尤烈者如汀海之外砂，竟有全村人命财产化为乌有”，人口伤亡异常惨烈。[②]《晨报》对此亦报道称：澄属“外砂樟林等乡，每乡均损失千余人，伤者不可胜计。其离海较近之牛浦村，全村人口八百余丁，现生存者仅三人而已。余皆于睡梦中，为海水卷去，或为墙壁所压毙矣”[③]。2013 年，澄海中学在校园环境改造升级施工过程中意外挖出两块大石碑，上面记载着潮汕地区的受灾情况及灾后海内外对灾区的救灾事迹，显示澄海有 2.6 万余人死于这场风灾，与《潮州志》所载一致。

《申报》对澄海县各地人员伤亡状况也作了非常详细的报道：“南洋樟林港淹毙数千人，汕尾之新乡李姓死数十人，代头死千余人。东陇损伤尤重，死人不下二千。葱公死百余人，浮龙死四十余人，大港李姓淹毙百余人。宫□乡七百余人，淹毙半数。现在死者尸横遍野、臭气熏天，生者流离哀号，闻之心痛。外砂乡死万余人，情形最惨。”澄海各地人口死亡比例极高，“调查各乡北港三百余仅存六人，充公一千人仅存二十人，书齐三百余仅存数十，方温约三百，仅存三十余，辛厝寮约五

① 《各县报告灾况及现在办理赈灾情形》，《汕头赈灾善后办事处报告书》第 1 期，汕头赈灾善后办事处调查编辑部编印，1922 年，第 2 页。

② 潮州市地方志办公室编，饶宗颐总纂：《潮州志·大事志》，潮州修志馆（汕头），1949 年，第 5 页。

③ 《旅京粤人对汕头风灾之筹赈》，《晨报》1922 年 8 月 15 日。

百，死百余，高程约三百，死百余，合仔约三百，死百余，公婆州约三百，死百余，南畔寮约二百，死百余，公合苦练寮约四百余，死二百余，合南社一千二百，死五百一，南片埔约四百，死八十余，虾骨埔约五百，死六十余，周厝塭四百余，死二百余，屋宇全没”①。如此众多和大比例的死亡人数对澄海当地来说可谓是一场空前大劫。

此次大风灾汕头首当其冲，“大水将市区完全淹没”②。《申报》称，其“死亡之数，为汕头空前大劫”③。“人民尤受大风时暴雨之摧残，故此次风灾损失，可谓系普遍的，事实上无人可以侥幸。”④ 竺可桢在《说飓风》一文中指出：“事后虽尚没有详细的调查，但单以汕头一市而论，人民死亡已达五千。”⑤ 据《汕头赈灾善后办事处报告书》第1期统计，汕头除第五区无统计数字外，其他各区死亡人数约861人，伤121人。该《报告书》所统计数字为保守数字，因诸种原因，有遗漏之处仍属难免，尤其是伤员人数难以有详细准确的统计，因而并非确切，实际上伤亡人数要远远多出报告书所列。

此次风灾中，潮阳死亡人数据《汕头赈灾善后办事处报告书》第1期记载，“伤数约八九千人，毙数约五六千人”⑥，也

---

① 《汕头风灾之大惨剧》，《申报》1922年8月13日。

② 《汕头之大风灾》，《社会日报》1922年8月8日。

③ 《汕头风灾之大惨剧》，《申报》1922年8月13日。

④ 《外人调查汕头灾情之报告》，《申报》1922年8月27日。

⑤ 《竺可桢科普创作选集》，商务印书馆2011年版，第131页。

⑥ 《各县报告灾况及现在办理赈灾情形》，《汕头赈灾善后办事处报告书》第1期，汕头赈灾善后办事处调查编辑部编印，1922年，第4页。

是死亡人数较多的地区之一。《申报》称：潮阳“一号晚，风雨立作，至十点钟后，狂风大雨……附城乡村被水浸死数百人，而乡间不在此列……灾民遍地，伤惨不堪，至于各乡，被水浸死者数以千计，如竹都下陇乡，被水浸死约一千人。又下地下底桑田毗连乡民，亦死四五百人，伤者殊难计算……又白竹村居民三百人，被水浸死一半。又凤岗乡亦死百余人。又大小南塘乡亦死数十人。后溪亭子厘金局，被浸死十一人。各灾区买无棺材，或用草席收埋，现灾民失所，惨不忍言”。[①] 人员伤亡可见一斑。

饶平属柘林港，海程有 60 里，路程 80 里，主要靠滨海而居，此次风灾的骤然来临，使该地区人员伤亡甚是惨重。据《申报》记载，“被海潮淹毙者，不下二千人左右”[②]。死亡人员中，“死的最惨者，当水涌时，有抱持三数小孩逃生，在水中不能支持，将女孩或小者弃去，以省累而图出险者；有妻抱儿于怀，水里浮沉，夫夺而抛弃，冀妻免于俱溺者；有救护父母老人，不能凫水，子不忍舍去俱溺者；有儿子多人，手不能尽挟，以口衔其头发或手掌，虽抵高阜而儿已气绝者；有老年父母恐累其子自沉，希存宗祀者；有灾后见举家皆尽而自裁者；有夫妻以绳系住而偕溺者。有女尸上下衣完全，腰间系带，下衣与鞋袜亦以带紧扎，似系生前预备，恐死后露体……”[③] 种种惨

① 《汕头风灾之大惨剧》，《申报》1922 年 8 月 13 日。

② 《汕头风灾之大惨剧》，《申报》1922 年 8 月 13 日。

③ 陈梅湖：《潮汕东南沿海飓灾纪略》，汕头市档案馆馆藏资料（地方志）1922 年第 78 号卷，第 14 页。

状，让人听之潸然泪下。

潮安县灾情也十分重大。《申报》记载了潮安人员伤亡的部分情形："闻船只损失大小百余只，淹毙水手不下千人……考院前屋倒塌，压毙兵士甚多。县署后楼墙崩下，被压二人……"①此次风灾中压毙人命多少，潮安地区没有查明，但死亡人数亦不少。

其他地区如揭阳、惠来、南澳等在此次风灾中均有大量人口伤亡。《晨报》称：对于这次汕头及附近各县风灾情形，当时各报刊纷纷进行报道，但各地灾情究竟如何，很多为传闻之词，很难得到准确的报告。后经实地调查，才得到较为翔实的数据。"损失人命"大略统计如下：澄海县属，约死6万余人。汕头市属，约死5000余人。饶平县属，约死6000余人。朝阳县属，约死5000余人。揭阳县属，约死1000余人。潮安县属，约死500人。普宁县属，约死100余人。南澳县属，约死200余人。惠来县属，约死100余人。②正因为此次风灾给潮汕地区造成如此庞大的伤亡人群，使其成为我国20世纪死亡人口最多的一次台风灾。

风灾造成人口大量外移。潮汕地区自然灾害频繁，潮汕人民饱受天灾之苦，有很多人流往国外谋生，主要是泰国、新加坡、马来西亚、印度尼西亚等东南亚国家以及港台地区（当时很少有人去往欧美等地）。每次灾害发生，都有人逃往

---

① 《汕头风灾之大惨剧》，《申报》1922年8月13日。

② 《飓风为灾后之汕头》，《晨报》1922年9月7日。

南洋谋生，使潮汕成为我国著名的侨乡之一。1918年南澳发生大地震时，因生活所迫，即有大批南澳人迁移台、澎地区，仅深澳一地就有近千人去台。[①] 八二风灾后“无家可归者约十余万人”[②]，是人口外移的主体，据《南洋华侨与闽粤社会》调查记载，“在我们所调查的华侨区里，近年来有一件极大的社会惨剧，即1922年的‘八二风灾’。那一次受灾很重的人家，有许多渡往南洋谋生，在905家中有31家（或百分之3.4）是属于此类的”[③]。对于灾民的流离失所，有史料记载称：风灾后，“东南一带之灾民，因栖宿无地，生活困难，连日纷纷流出外洋谋生”[④]。

## 二　经济财产遭受重大损失

八二风灾致使当地人群大量伤亡，而财产方面的损失同样惨重浩大，难以胜计。民房、机关、轮船、码头、田园等都受到重创，“船只漂泊岸上，货仓、商行、民居，咸遭毁坏，旧船浮桥，或沉或碎”[⑤]。据汕头市档案馆馆藏史料《汕头市三灾纪略》记载，风灾中大小船舶、民房、农作物及物资等损失达大洋六七千万元。[⑥]

---

① 陆集源：《古今潮汕港》，中国文联出版社2004年版，第45页。

② 《汕头风灾之惨状》，《社会日报——北平》1922年8月15日。

③ 陈达：《南洋华侨与闽粤社会》，商务印书馆1938年版，第49页。

④ 蔡英豪总辑：《澄海八二风灾》，澄海县文物普查办公室，1983年，第45页。

⑤ 《汕头大灾后之港讯　港政府热心救赈》，《申报》1922年8月14日。

⑥ 汕头市史志编写委员会编辑部编：《汕头市三灾纪略》（初稿），1961年第323号卷，第16页。

（一）建筑物之倒塌

此次风灾来势凶猛，风力最高时达12级以上，因而摧毁力极强，再加上大雨海潮，房屋极易毁坏。且当年潮汕沿海村落的民房，多为黏土夯制、名为“涂壳”者垒成，屋顶以杉木作梁，稻草为盖，这样的房子易受风潮损坏。较大村落较好的房子，墙壁是用“灰涂壳”所垒，“灰涂壳”的原料是灰砂和石灰。这类房子屋顶盖瓦，比滨海小村的房子坚固，但同样无法抵御大风潮的冲击。

八二风灾中，潮汕各区的民房在飓风狂潮中倒毁无数，汕头“倒塌房屋约全市三分之二”[①]，“其沿海一带房屋，十坏六七，殆无一完全无损者。而贫民所居住之木寮，则尽倒塌无余”[②]。汕头机关设施在此次风灾中大量倒塌，损失严重。根据《汕头赈灾善后办事处报告书》第1期，将汕头市各机关损失情况条列如下：

一、潮梅善后处　内部花厅等处倒塌，其余屋顶多被吹落。

二、税务机关　潮海关各官员旧住宅，多已倒塌，其新建筑之士敏土围墙石柱等，均被水冲倒，各处新建筑物间有破坏倒塌。

三、行政机关　市政厅前后左右办事房屋均倒塌，中

① 《骇人听闻之汕头风灾再志》，《北京晚报》1922年8月16日。

② 《汕头风灾之大惨剧》，《申报》1922年8月13日。

座屋顶吹去，内部毁坏不堪，公安局屋顶毁坏，第四区署全间倒塌，压毙警卫兵役二十五人，消防队水车房倒塌，其余教育、卫生、公用、工务、财政各局均已毁坏。

四、司法机关　汀海地方审判检察两厅，均全部破坏，头门及看守所倒塌。

五、教育机关　省立商业学校、职业学校、廻澜中学校、八属正始学校、广州旅汕学校、同济学校等，内部均有倒塌及破坏，校具散失，恢复困难。其余各学校，及教会所办礐石英华各中学校、福音礐石各小学校，均校舍塌毁，损失甚巨。此外如市立通俗图书馆、商品陈列所，内藏图书商品均损失不少。

六、实业机关　耀华火柴厂各部倒塌，仅存办事处，死去数人。利强织造厂全部倒塌，中国领海渔业公司被水冲平，捕鱼轮船沉没一艘，电灯局机器房烟筒倒塌，全市电杆线多损折，其余汕头火柴厂、鸿生肥皂厂、林治平酒厂等，均被毁坏。

七、交通机关　潮汕铁路机关车房，及各办事处多倒塌。路轨冲坏，修理月余，始能行车。汕樟轻便车路，全路毁坏，损失甚重。电话局全市杆线多已倒断，现已数月为期，方能修理完竣，电报局通各处电线杉杆，一概毁折，亦须修理月余方能通电。

八、娱乐机关　第一公园及临时公园，各种景物布置，均荡然无存，张园各种布置，及附设各戏园商店，并职业

学校出品陈列所、汕头汽车公司，均一扫而尽。此外如大舞台陶陶园、高升戏院，均已倒塌。

九、慈善机关　福音医院、角口益世医院，均屋顶吹去，药物浸毁，为数甚巨。存心社屋后围墙倒塌、屋脊倾侧，城敬社、同济善堂等均有损坏。

十、全市商店住宅之近海旁及在崎碌者，已多被水冲倒及风力损坏。在市中心者，多吹去凉棚及屋顶，亦间有全间倒塌，压毙人命。详各区报告表内，兹不赘及。

十一、全市花园住宅等围墙，均已冲倒。

十二、全市马路有多处冲坏，尤以潮海关码头附近为最甚。

十三、全市树木均已吹倒，间有生存者，亦多毁折不堪入目。

十四、全市货物浸坏，损失之数，至难确查，小商店约数十元至数百元，大商店自数千至数万元，有多数商家因此损失，以致倒闭，尤以太古洋行为最巨，码头货仓均被毁坏，约值数百万元，统计此次损失，全市约值千万元以上。①

可见，汕头市行政机关、税务机关、司法机关、教育机关、实业机关、交通机关、慈善机关等，几乎所有机关设施均受到

① 《汕头市被灾概况》，《汕头赈灾善后办事处报告书》第1期，汕头赈灾善后办事处调查编辑部编印，1922年，第2—3页。

台风袭击。台风过后，汕头市几近陷入瘫痪状态。

相邻各县建筑物倒塌情况亦非常惨重。如澄海“房屋倒平之数，全县合计殆不下数万间。上下蓬、樟林、苏南各区有全乡均夷为平地者，如盛洲、牛舌、东美、城南、凤洲、流东、朱厝州、石钉、头冲、八合、九合、十一合、十围、北港、头份、新溪、涂池等数十乡欲求幅墙片瓦之存而亦不可得者，若夫屋顶全飞、围墙倒塌之屋，各区殆难更仆数，现在筹备盖篷而搬运坏墙泥土各费，每屋自二三十元至数百元不等，遑论另行，盖造耶呜呼惨矣！”① 潮安“城内房屋倒塌不少，至被风掀去屋顶者，十而八九”。揭阳“查城厢内外民居商店，无一完全幸免者，不过损坏多少不等而已”②。

（二）轮船之失事

在此次大风中失事的轮船甚多，财生、神荣丸、第三东洋丸、宫浦丸、第二小桥丸、北海丸等众多船只俱受台风海潮袭击。渡船小艇，虽在避风塘躲避，但多不免于难。

财生号是怡和洋行的一艘木船，在汕头海面南澳排失事。风灾发生时，该轮船已由汕头港出发，正行驶在大洋之上，距离南澳排有数十里之遥。途中被风浪打击甚重，“竟为一浪在八分钟内之时间，打出五十海里之远”，“船遂直打至南澳排始停，盖轮船已搁置石麓中矣。其时头舱、二舱已破坏，海水乃汩汩

---

① 《各县报告灾况及现在办理赈灾情形》，《汕头赈灾善后办事处报告书》第2期，汕头赈灾善后办事处调查编辑部编印，1922年，第2页。

② 《汕头风灾之大惨剧》，《申报》1922年8月13日。

而入，幸滩岸尚浅，不致沉没”。《申报》对此报道称：财生号被“打至五里外，幸搁浅于海中两石间，两石相距约一百码，该轮已完全毁坏”[①]。

神荣丸是日华协信株式会社之船，在吴淞口外长江口海面分路处受大风浪袭击失事。其船身毛重仅一千吨，经过此次巨浪的猛烈打击，“一时不克支持，一致为一浪将其打入海滩之沙内，轮身受此大创，势将沉覆”[②]。

第三东洋丸是天华洋行赁租泽山汽船会社的轮船。灾发当日，此船从日本大阪神户门司开来，船中载有大量的机器、仁丹、洋瓶和杂货。当飓风来临时，“船身为浪打损一处，未及风浪侵袭。至甲板上，致亦遭损坏，继后烟窗且为击伤。其最危急者，系在吴淞口外扬子江口海面分途之处，轮身几为之倾覆”[③]。

宫浦丸是三菱公司的船只，“从门司开来，在北纬线三十二度，亦受同样风浪之打击。船内所装之货，多半因海水冲进而遭水渍”[④]。

第二小桥丸从北海道开来，在济州岛至摩杂岛海面遭受风浪冲击。在扬子江口之浮标处，“因风浪过烈，轮船便向一面下斜，势将倾覆，致船内所运来之木料，大半尽行落海漂流，船虽未没，而损失最大矣”[⑤]。

---

① 《广生搭客述汕头风灾惨状，汕埠完全摧毁》，《申报》1922 年 8 月 11 日。
② 《大风中各轮失事情形》，《申报》1922 年 8 月 11 日。
③ 《大风中各轮失事情形》，《申报》1922 年 8 月 11 日。
④ 《大风中各轮失事情形》，《申报》1922 年 8 月 11 日。
⑤ 《大风中各轮失事情形》，《申报》1922 年 8 月 11 日。

除上述轮船外，其他很多船只也遭受了不同程度的损坏。北海丸第一、四舱内当时都已进水，故货物部分受潮；山东船身“洞穿二三处”；同升船“船尾之柱亦毁”；“没收之德船，名华明者亦被打至岸上”；“渔船、货船亦皆打至岸上”[①]；潮安“河中帆船，现在仅存十余艘；湘桥梭船亦被冲去，闻船只损失大小百余艘，淹毙水手不下千人。当大风怒号时，有帆船三艘被火，又行驶东陇小轮一艘亦被火”；韩江运输公司新下水的三艘电轮，有一艘倾覆，其余两艘也“被风吹折数段，各项机件，多飞散水中”[②]；太古怡和洋行也有三艘小船，“向泊海岸，同时被风吹至火车站旁，受伤甚大”；镇安轮“日前来汕，入坞修理，亦被风吹至大埔码头岸上”[③]。“东兴船底已洞穿，颍州已不能驶行……港中破烂之舢板民船漂流者不计其数，驾船者均已溺毙，浮尸到处皆是，现各处已募捐赈济。”[④] 众多轮船的失事，在对交通运输业造成重大损失的同时，也给各地救灾物资的运输产生了诸多不便。

（三）农业经济遭受重大损失

灾区民众赖以生存的农业经济损失同样惨重。牲畜、塘鱼、堤围、果木、稼植等被“冲塌漂沉十之七八”[⑤]，灾区农业呈现一片萧条景象。

---

① 《大风中各轮失事情形》，《申报》1922 年 8 月 11 日。

② 《汕头风灾之大惨剧》，《申报》1922 年 8 月 13 日。

③ 《汕头风灾之大惨剧》，《申报》1922 年 8 月 13 日。

④ 《中外大事撮要：汕头风灾损失甚巨》，《兴华》1922 年第 31 期。

⑤ 汕头市档案馆馆藏资料（地方志）：《潮汕东南沿海飓灾纪略》，1922 年第 78 号卷，第 1 页。

首先，果木损失惨重。果木在潮州一带被大量种植，每年该季节是果子即将成熟之时，然而突如其来的飓风使果农的辛勤劳动成果顿时化为乌有。据档案记载："所有潮州界内濒海及内区果木、稼穑掩拔无遗……盖此次风灾为空前绝后之巨害。"[①] 以当地冠美村为例，该村几乎有一半的人靠果子生存，可此次风灾使该地区"果木高于人者，十拔去六七，存者亦摧折不堪。刻下各种果子即将成熟收摘，全被打落，狼藉满地，足不忍践"[②]。潮汕地区素产蔗、荔枝、橄榄、柿、柚等，"平日蔗青草绿，竹树浓蔚"，而在经历了风灾之后，"则变成一片赤土，绿草被海水淹枯，蔗则叶干枯槁"，大片地区"蔗禾全枯，田园尚在咸水淹盖中"[③]。沙洲"千余亩中植柑、桃、蕉、蔗、花生、龙眼，摧残欲尽"。埔北洋鹊巷十多个村子"堤内外植物毁损将完，以荔枝、柑、蕉为甚"[④]。西宁山灾前"满山植橄榄、龙眼、荔枝、柿、柚几无隙地，望之蔚然深秀，今则枯焦无生气"[⑤]。樟林"东社、仙陇、北社等处农人，恒赖柑、蔗、林琴为生活，每年出产甚多，此次灾起，各官路之

---

① 《二二年关于各税捐问题的文书材料》，汕头市档案馆馆藏民国档案，档案号：12－9－329。

② 汕头市档案馆馆藏资料（地方志）：《潮汕东南沿海飓灾纪略》，1922年第78号卷，第11页。

③ 汕头市档案馆馆藏资料（地方志）：《潮汕东南沿海飓灾纪略》，1922年第78号卷，第4—5页。

④ 汕头市档案馆馆藏资料（地方志）：《潮汕东南沿海飓灾纪略》，1922年第78号卷，第12页。

⑤ 汕头市档案馆馆藏资料（地方志）：《潮汕东南沿海飓灾纪略》，1922年第78号卷，第11页。

果木，被风摧残净尽（连根拔出），呜呼，以数十年培植之苦工，一旦付之乌有，诚足悲矣”①。这些果树中，橄榄需要种植十二年，龙眼、荔枝、柿、柚也需要五六年才能收利，一旦被摧毁，又不能改种禾麦、蔗、豆等，即使积极培植，也要等到六年以后方能出现生机。

其次，堤围溃决、田园被淹没。灾发时，巨大的海潮冲袭内陆，年久失修的堤围溃决在所难免，大片的海河堤坝在风灾中被冲毁。如饶平地区产盐海山场，“盐田土堤崩决大半，曝场被毁”②。澄海“各处堤围经风掀水撼，有全行崩决者，有崩塌过半者，亦有损坏者，统计全县堤岸不下数百处”③。堤围的塌决，造成河水四溢，加重了水灾，田园及农作物多被淹没，田禾、甘蔗、地瓜、花生、麻豆等农作物一概枯烂于田地。环沙区，是青年会全国协会古利斯调查的地区之一，此地在汕头东北，面积20余万平方英里，灾发后有报告称：环沙区“居民多农业，沿河自筑有堤防，但今已多被水所毁，吾人在此区内，最初视察之地，农田所受损失，并不甚重，甘薯及稻受损不巨，惟靛青及瓜田则完全受损失，惟离此二三英里则景象大变，田中所植甘薯尽死，其他谷类，亦无复生望，此地

---

① 蔡英豪总辑：《澄海八二风灾》，澄海县文物普查办公室，1983年，第45页。

② 汕头市档案馆馆藏资料（地方志）：《潮汕东南沿海飓灾纪略》，1922年第78号卷，第6页。

③ 《各县报告灾况及现在办理赈灾情形》，《汕头赈灾善后办事处报告书》第1期，汕头赈灾善后办事处调查编辑部编印，1922年，第2页。

村庄受损甚重”①。澄海“全县沙土各田经海潮浸灌以后，多数已成斥卤……沿海数十万亩农田平时称为沃土、深浅可耕者，现在均成弃地”②。被咸水淹没的田地，大多水退之后，由于积淀了海沙海泥，土质变咸，多已不能耕种，这对当地农业无疑是一种沉重打击。对农民来说，更是一场从天而降的灾难。此种损失，非“痛惜”二字所能表达。

其他如牲畜死亡、桥梁冲断、电杆催倒、码头冲毁等，损失也很大。灾区“沿途田中，死人死畜，狼藉满地，臭秽蒸熏，行人掩鼻”③。汕头市内的电线被飓风吹折的约占全数的十分之八，灾区桥梁多被冲断，马路或被冲毁，或已被尸体、杂物等堵塞。水路船只也多受损坏而难以行船，所以城中与城外各区之交通极为不便。太古、怡和等码头也一律被冲断，而中商业区域所有的码头也均漂没无存。其他如居民财产损失严重，但此项数字统计，实难做出确切计算，估计是各种物资损失达大洋六七千万元。而其时，普通人每月生活费才 2 元左右，汕头至上海轮船中等舱位票价仅三四元④。

### 三　瘟疫、水荒的引发

俗语说，“大灾之后必有大疫”。风灾后潮汕地区死人死畜极

① 《外人调查汕头灾情之报告》，《申报》1922 年 8 月 27 日。

② 《各县报告灾况及现在办理赈灾情形》，《汕头赈灾善后办事处报告书》第 1 期，汕头赈灾善后办事处调查编辑部编印，1922 年，第 2 页。

③ 《汕头风灾之大惨剧》，《申报》1922 年 8 月 13 日。

④ 钱钢、耿庆国主编：《二十世纪中国重灾百录》，上海人民出版社 1999 年版，第 142 页。

多，天气异常炎热，又因待棺殓葬，暂堆积一处，日久腐烂，臭气熏腾。加上牲畜粪便满地，卫生环境极度恶劣。如井洲村，“该村鲜田园，粪料多运售外处，故厕所全在海边，以便挑运。飓风潮退，尸多沉落厕里，数天后才发现捞起，秽臭难堪”。又如在一离港口极近的村庄，“生者出现憔悴色，村外猪牛尸十数头，臭秽不可近，苍蝇猬集如撒乌豆，烂汁流落涧底，观之咋舌，村民困惫无力掩埋”①。据幸存者回忆，“当时死猪、死牛、死人成堆，到第四天，气味熏天”②。这样的环境极易生发瘟疫。在新溪北中，“全社死了七千多人，因为食灾后脏水，许多人得病，又死了一千多人。八合村竟有一家十八口全死去。华侨寄钱来收尸，十多天收不完，有的一个月后才收，已经发臭了”③。对于灾区的恶劣卫生情况，有人在报上提议对尸体进行火葬，以免引起瘟疫，然而“风俗使然，无法施行”，在部分灾区，瘟疫最终还是引发了。

在风灾过后不到十天的时间里，汕头地区即发生了“虎疫”。“虎疫”全称“虎列拉疫症”（英语 cholera 的音译），急性传染病“霍乱”的旧称，是一种由霍乱弧菌引起的，以剧烈泻吐、严重脱水、肌肉痉挛为特征的烈性肠道传染病。这种病发病急，传播快，病死率高，在历史上曾先后 7 次引起世界性大流行。在《中华人民共和国传染病防治法》中，它与鼠疫同被列为甲类传染病，俗称“2 号病”。一旦染上此病，后果可想而知。

---

① 汕头市档案馆馆藏资料（地方志）：《潮汕东南沿海飓灾纪略》，1922 年第 78 号卷，第 8 页。

② 蔡英豪总辑：《澄海八二风灾》，澄海县文物普查办公室，1983 年，第 69 页。

③ 蔡英豪总辑：《澄海八二风灾》，澄海县文物普查办公室，1983 年，第 73 页。

8 月 12 日，《申报》刊登一则令人惊恐的消息称："汕头已发生虎疫"，"吾人正在设法扑灭中，饮水难得，华人以得水为幸，不复论其美恶，人畜尸骸遍于数里之水内，遂致水源断绝，患虎列拉疫者已有数百起"①。人口的大量死亡引发了瘟疫，而瘟疫滋生又必将导致更多人群的死亡，这是一个极度恶性的循环。

灾区还出现了严重的水荒，对难民来说无疑更是雪上加霜。灾后的潮汕大地，人畜尸体遍布于江河湖沼，大量腐烂物流于水中，几乎所有水源都受污染。再加上巨大的海潮回灌内陆，井水多变咸而难以饮用，两年后才能淡化。汕头市自来水虽放水，但仍远远不够用，当时汕头"角石水卖至五六毫，市内只有葱龙井水可饮。此三日间外马路一带，以葱龙挑水上汕者，络绎不绝"，"贫富贵贱阶级至此已一扫而尽"②。足见可用淡水之奇缺。

### 四　民众心理的创伤

八二风灾灾情重大，造成民众生命财产重大损失，这不言而喻，但对幸存者的心理创伤同样严重。这次风灾虽已久远，但对亲历者来说，是一生难以抹去的痛苦记忆。

多年后，当人们再次谈起此次巨灾，逃脱于灾难的当地老人仍悲恸不已。2005 年 4 月，汕头日报社作了名为"百岁老人谢锦光忆'八·二风灾'警醒后人"③ 的专题报道。谢锦光老

---

① 《汕头风灾后之虎瘟》，《申报》1922 年 8 月 12 日。

② 《汕头风灾之大惨剧》，《申报》1922 年 8 月 13 日。

③ 《百岁老人谢锦光忆"八·二风灾"警醒后人》，《汕头日报》2005 年 4 月 24 日。

人向记者描述了83年前那场令人触目惊心的灾难：

> 当天夜间10时左右，狂风暴雨，风力12级以上，十分吓人。午夜时分，飓风回南，左邻右舍茅屋篷棚相继倒塌。随后不久，“上大水啦”“大水来了”的惊叫声阵阵传来。锦光借助闪电往外一看，只见巷道里大水如猛兽般汹涌而来。不足一小时，潮水已涨上铺头，他们全家只好爬上二楼避水……
>
> 翌日天亮风停，锦光爬上屋顶探看个究竟，顿时傻了眼，除了他们族内各户因为所处地势高，且房屋为灰木结构最终未被海风潮摧毁外，其余人家几乎都淹没在风浪之中，四周一片汪洋。锦光很快得知，这场海风潮使东南村损失过半人口，村里十屋九空，住在坟埔下的惠农一家，12口人只剩下2人，那些住在村南面低洼处，全家丧命者比比皆是。
>
> 正当锦光庆幸族内大小幸免于难时，噩耗随后传来，他那位住隔壁村、正待迎娶过门的未婚妻巧色，最终被海风潮夺走生命。未婚妻的罹难，让锦光痛不欲生。老人多次伤心地说，要不是他硬把婚期往后推，巧色肯定免遭此厄。

锦光老人告诉记者，八二风灾后他和所有受灾户一样，每年农历六月初十都祭拜亡灵，至今80多年从未中断，目的是缅怀死难的乡友，也让子孙后代永远记住这一灾难日。

1983年油印出版的《澄海八二风灾》，记载了大量亲历者

的口述史料，老人们在追述这次风灾时仍胆战心惊，犹觉历历在目。当年83岁的老人陈阿堂回忆说：

> 60余年前的壬戌八二风灾，是六月初十那日。我们这里的防潮堤叫英台脚堤，当时只有三四步高，平时经常出险，一出险就草、“芹”、蔗全部拆来堵隙。历来有“纸堤铁人”之称。那次风灾一下子堤崩，大水冲到村里。我当时21岁，我家当时95人，这次风灾死了62人，只找到二个尸，一个婶母，尸沉在大厕底，头在里面；有一个堂弟陈冬瓜15岁，还在读书。其中以我为首的小家6人，这6人中溺死3人，存父、我及一个弟弟。叔父全家9人死去8人。我是抱住一支树杉，流到东里铺后被人捞起。堂叔40多岁才生一男孩，他抱着孩子被大风潮漂刮在刺勾竹顶，天亮水退，见手中紧抱着的儿子已被大水浸死，无法救活，只好自己爬下，全身成百处被刮烂，烂了许多个月才好。
>
> 这次风灾，一般农民的屋都倒塌，大灰屋也倒，连地基也被翻拔出来。我们这个乡由三个自然村组成，全乡的屋几乎倒光，只存二、三处，死人很多。①

在汕传教士同样经历了这惊魂一夜。美国浸信会的女传教士孙安美（Abbie G. Sanderson）记述了8月2日上午海潮冲击磐

① 蔡英豪总辑：《澄海八二风灾》，澄海县文物普查办公室，1983年，第55—56页。

石教会建筑的骇人情形：

> 唯一可见的是海水像一道墙全速冲进我们的前院。讲到大海浪和碎浪花——它们正冲到我们门前！当站着看海浪朝我们袭来时，我无法用语言表达那种惊悚和魔力。实际上海浪已经比夜里小了许多；然而给人的印象是，下一秒这阵汹涌的洪水就会把我们吞没……可怕的浪潮已经高高卷起，越过我们，冲进房子后面的稻田，夹带着被冲上岸的支离破碎的百叶窗、小舟的破板，以及我们低矮的阳台所有的木板和横梁！①

人类在大自然面前是渺小的，八二风灾致使无数家园被毁，生灵涂炭。上述幸存者的回忆、记述，足以让我们感受到灾情的惨烈以及所带给他们的巨大心理创伤。

---

① 蔡香玉：《民国潮汕“八二风灾”与教会赈济》，林悟殊主编《脱俗求真：蔡鸿生教授九十诞辰纪念文集》，广东人民出版社 2022 年，第 774 页。原载 Joseph Tse-Hei Lee，“Faith and Charity：The Christian DisasterManagement in South China”，*Review of Culture*，2014（45），p. 129。

# 第二章

# 灾后官方的应急运作

民国时期战争频繁，军政开支占了中央财政支出的绝大部分，政府救灾制度效能低下，每当大灾发生，北京政府通常会将救灾责任推给地方。八二风灾发生后，应潮汕地方政府的请求，北京政府要求所有汕头海关常关进出口货税附加一成救灾，同时象征性地拨了些款，但其救灾措施仅此而已。在此情形下，潮汕地方政府不得不主导筹办救灾事宜，与绅商合办成立临时性的救灾组织机构，派员前往各灾区详细调查灾情，组织吸纳当地民间社会力量以及各地潮属资源，开展一系列救急措施和善后工作，以实现当地社会共同体的利益目标。

## 第一节　中央政府的反应及赈济活动

八二风灾灾情重大，直接惊动了北京政府。灾发后，北京赈务处特发来函电商议救灾事宜。在救灾机构设置上，北洋政府设有日常的救济机构，1912 年成立内务部，负责管理全国赈恤、救济、慈善、感化、卫生等事务，下设民治司（1913 年民政司改称民治司）职掌全国贫民赈恤、罹灾救济、贫民习艺所等其他慈善事项。而每当各地灾情比较严重时，一般由内务部附设赈务处负责处理，事毕撤销，是临时救灾的组织机构。赈务处设督办一人，由内务总长兼任，由大总统特派，督理本处事务。1920 年 10 月，直北五省旱灾严重时，即设置赈务处，总理直鲁豫秦晋各灾区赈济及善后事宜。赈务结束后，赈务处撤销。由于全国灾荒严重，1921 年 10 月北洋政府又设赈务处。1922 年潮汕发生八二风灾时，赈务处仍然未撤销。

八二风灾发生后，潮汕灾区赈款紧缺。汕头赈灾善后办事处发急电致北京政府，请求政府拨款赈恤，建议政府捐款方式借鉴 1920 年华北直灾，划拨关余以充赈款。其函电称：因灾广费巨，急切难筹，特申请北政府援照 1920 年华北直灾，就汕头进口货物，附加一成赈捐，以一年为期，俾济眉急，为潮属施赈之用。"①

应汕头赈灾善后办事处的请求，8 月 12 日，北京赈务处特发来函电商议有关事宜。其函电认为：汕头风灾，汕头赈灾善后办事处所拟就的海关附加赈捐一成的办法虽然尚属可行，只是汕头海关进口货税附加一成为数甚微，仍然难资救济。故赈务处提议，除"援照上年北五省旱灾成案外，所有汕头海关常关进出口货物一律附加一成，以一年为限"。但征税恐缓不应急，又函电称："如贵会赞同，即由本处咨行外交部转商使团同意，一面即请贵处

① 《关于赈灾来往函电》，《汕头赈灾善后办事处报告书》第 1 期，汕头赈灾善后办事处调查编辑部编印，1922 年，第 28 页。

先行垫款施放，以附收赈捐抵还”，并“拟在上海关税加余款项下筹拨十万元，交赈务委员会组织华洋放赈团体前往施放”。汕头赈灾善后办事处立即复函曰：“深表赞同，并祈求迅赐施行，以资赈恤。”① 8月23日，在众议院常会上，吴景濂主席报告了汕头风灾案，马骧认为，依院法之规定，可将潮汕灾情，提出建议案，请政府筹设抚恤之法，不少人赞成。吴景濂主席以急赈广东潮汕风灾建议案付表决，多数通过。② 9月9日，在国务会议之期，院秘书厅公布了这项议案：“内务部提议汕头赈灾办事处电，汕头风灾请赈案。就汕头海关常关进出口货物附加赈捐一成，以一年为期，议决照办。”③

予闻此次潮汕巨灾，北京政府中央财政部也有所表示。当时的北京政府财政亏虚，时中华民国总统黎元洪仍拨出5万银圆，以示助赈，并派遣特使赖禧国抵汕慰问。1922年8月26日，国务会议例会“议定广东潮汕风灾拨赈款五万元”④。8月28日，黎元洪发布总统令：“据旅京广东同乡会代表等声称汕头暨潮州沿海各县，灾情奇重，恳请拨款放赈等语。此次潮汕飓风成灾，哀鸿遍地，良深轸念，着财政部迅拨币银五万元，交由该省办赈机关，切实发放，以惠灾黎。”⑤《汕头赈灾善后

① 《关于赈灾来往函电》，《汕头赈灾善后办事处报告书》第1期，汕头赈灾善后办事处调查编辑部编印，1922年，第31页。

② 《昨日众议院常会》，《社会日报——北平》1922年8月24日。

③ 《昨日公布之阁议》，《晨报》1922年9月10日。

④ 《昨日之阁议》，《社会日报——北平》1922年8月27日。

⑤ 《大总统令》，《政府公报》1922年第2331期；《政教述闻：中央法令：大总统令》，《来复》1922年第218期。

办事处报告书》第1期之“黎元洪总统拨五万元交赈文”对此记载称：“黎大总统，今由财政部拨币银五万元，交该省办赈机关（旅京广东潮汕义赈会），切实发放”，其拨款由旅京广东潮汕义赈会设法向财政部催领，再行汇往汕头灾区。[①] 10月22日，《益世报》亦刊载《内务部批示》：“广东同乡会代表罗文干等呈为汕潮沿海各县灾情奇重，恳拨款放赈一节，业奉大总统令……著财政部迅拨币银五万元，交由该省办赈机关，切实发放，以惠灾黎。”[②]

然而，北京政府的救灾措施仅此而已。这一方面是因为此时的北京政府财政经常处于入不敷出、债台高筑的状态，关、盐等税收被帝国主义国家控制，无力承担赈务。另一方面，北京政府忙于同各派的军事纷争，1922年正值第一次直奉战争开始，又赶上各地工人学生罢工，皖南也遇百年罕见的水灾，可谓分身乏术，无暇顾及灾区。这一时期，面对全国频仍的自然灾害，北京政府不得不下令要求各省设立地方筹赈机关，总理全省赈务，于是救济灾荒的重担更多地落到地方政府以及民间团体的身上。

## 第二节　地方政府的救灾措施

地方救济管理机构随中央管理机构的变化而不断调整。依

① 《关于赈灾来往函电》，《汕头赈灾善后办事处报告书》第1期，汕头赈灾善后办事处调查编辑部编印，1922年，第26页。

② 《内务部批示》，《益世报》1922年10月22日。

照1913年北洋政府《划一现行各省地方行政官厅组织令》，省行政公署设置“一处（总务）四司（内务、财政、教育、实业）”。其中内务司办理赈恤、救济、公私慈善、病院、卫生等事项，实业司办理地方水利、天灾、虫害的预防和善后。[①] 1916年袁世凯为复辟帝制，将省行政机关改称巡按使署，下设政务厅和财政厅，由政务厅之内务科兼管前内务司的事务。袁世凯称帝失败后，机构名称复旧，大总统黎元洪将巡按使改为省长制，由省长公署下设之政务厅兼管社会救济，而道、县一级则由下设的内务科来负责。

1922年的粤省政府处于军阀混战之中，战争加剧了政府的财政危机。财政的困窘，使省政府不可能拿出足够的资金用于防灾、救灾。该年5月，在粤省割据的陈炯明叛变革命后又负隅东江潮汕，广东省政局复杂，省政领导更迭频繁，很多政务无法施行。再加上灾荒连年，此时的省政府对于各县市的灾荒已经力不从心。八二风灾发生后，粤省政务厅几乎未采取有效措施实施救灾，只有盘踞东江潮汕的陈炯明将借款项下拨6万元急为施赈，其来电声称：“洪处长、潮属各县长、善后处、尹旅长、王市长、方总理、总商会、各善堂、各社团、各报馆鉴：暴风肆虐，全汕被灾，远道传闻，殊悯恻，现在哀鸿遍地，救拯尤殷。除电尹旅长将借款下提抹六万元急为施赈外，仍盼各界竭力筹赈，普救难民，是为至要。”《汕头赈灾善后办事处报

① 钱实甫：《北洋政府时期的政治制度》，中华书局1984年版，第236页。

告书》之“陈总司令电拨六万元急赈并覆电”称，王雨若、陈黻廷对此致谢曰：“惠州陈总司令钧鉴灰电：敬悉潮属此次被灾区广情重，伤心惨目不忍言宣，市长会长等业经联合潮梅善后处组设赈灾善后办事处，赶速募捐赈济。蒙恩拨款六万元，俾施急赈，饥溺之怀，万民钦感除俟。该款领到应即遵照办理外，谨先代数十万灾黎泥首申谢。”①

所谓“为官一方，造福一方”，潮汕当地政府及部分绅商出于责任义务也好，被迫无奈也罢，灾发后潮汕地方各级官府积极开展救灾工作。

潮汕当局政府各部门在此次风灾中惨遭损坏，警察等部门人数伤亡严重，无力单独救赈。汕头市政厅遂与潮梅善后处，并会同当地有名望之绅商建立汕头赈灾善后办事处。该赈灾处成立后，各县也相继成立救灾善后公所、赈灾公所及分所等救灾机构，办理赈务。潮汕地方政府的赈济活动，主要从以下几个方面进行。

## 一　成立救灾善后组织机构

一切救济机制的核心在于建立行之有效的救灾组织机构。八二风灾发生后，潮汕灾区万事待举，成立救灾组织机构处理救灾事宜尤为迫切。灾发不久，潮汕各地大小救灾组织机构相继成立。

---

① 《关于赈灾来往函电》，《汕头赈灾善后办事处报告书》第1期，汕头赈灾善后办事处调查编辑部编印，1922年，第24—25页。

汕头市损伤尤重，风灾一过，8 月 4 日汕头市政厅[①]、潮梅善后处[②]会同汕头市总商会即组织成立汕头赈灾善后办事处，专门办理救灾事务。汕头市政厅长王雨若任该处总理。据《申报》报道称，“当风灾之后，汕头市长、商会会长，及其余重要商人七人，即组一委员会，以料理处置死亡灾民，扫除毁伤对象，以及筹备救灾等事，当时一面向当地商人捐募款项，一面即着手进行”[③]。在汕头赈灾善后办事处紧急召开的第一次会议上，该会制定了十二条章程：[④]

一、本处系由潮梅善后处、市政厅、总商会公议组织成立，专为办理赈灾事务，俟事毕即行撤销。

二、本处暂假六邑会馆为办公地址。

三、本处设置职员及其权责如左：（甲）名誉总理二员、总理二员，综理本处赈灾事宜。（乙）协理若干员，襄助总理赈灾一切事宜。（丙）坐办二员，常住本处，商承总协理办理一切赈灾事宜。（丁）财政股主任二员、职员若干员，管理一切收支款项数目事宜。（戊）交通股主任二员、股员若干员，管理雇佣夫役，搬除各街道障碍物件及恢复

① 1919 年设汕头市政局。1921 年置汕头市政厅，与澄海分治，直属广东省长公署。1930 年准予设市，隶属广东省政府。

② 1920 年撤销潮循道，成立潮梅善后处，各县由省直辖，广东陆军第二师师长兼任潮梅善后处处长。

③ 《外人调查汕头灾情之报告》，《申报》1922 年 8 月 27 日。

④ 《汕头赈灾善后办事处之组织及议案》，《汕头赈灾善后办事处报告书》第 1 期，汕头赈灾善后办事处调查编辑部编印，1922 年，第 1—2 页。

交通、修复店屋各事宜。(己) 庶务股主任二员、股员若干员，管理安集灾民施济粥食及一切不属各股事宜。(庚) 卫生股主任二员、股员若干员，管理医治受伤疾病灾民及清洁沟渠事宜。(辛) 调查股主任二员，专理各处调查报告事宜。(壬) 稽察股，凡各港派来赈灾代表，均函请为稽察股员，所有本处赈务及一切收支数目，稽察员得随时稽察之。

四、坐办及各股主任须常川住处办事。

五、对外由总理名义行之，总理有事故时，则由各协理互推一人代行其职务。

六、本处酌设文牍四员，办理各项文书报告事项，录事六员，办理缮写事项，由总理委充之。

七、本处职员均为名誉职，不另支薪，但雇员不在此列。

八、本处赈款先请商会拨借，一面设法清款并募捐充支。

九、凡支款十元以上之凭条，非有总理或协理二人签名盖章，不能照给。

十、本处开支赈灾款项及一切杂费，事后核实造册，呈报官厅核销，并刊征信录，广布周知。

十一、此次灾情广大，议先就汕头急赈，渐次推及潮属各区。

十二、本简章如有未尽事宜，由总理随时开会议决办理。

根据会议设置的汕头赈灾善后办事处职员一览表，办事处名誉总理为尹倜凡、陈其尤，总理为王雨若、陈黻廷，陈竖夫、陈友云等 25 人任协理。从救灾章程可以看出，汕头赈灾善后办事处具有几个特点：一是赈灾处是临时性的组织机构，赈灾完毕后即撤销，专为办理八二风灾之赈灾善后事宜。二是赈灾处为官商合办赈灾组织，由潮梅善后处、市政厅、总商会共同组织而成，但主要由官方主导建立，名义上属官方性质之机构。三是该赈灾处职员权责比较分明，各司其职，组织较为完备，手续也较为严密。此后，随着赈灾事务需求的变化，汕头赈灾善后办事处各股及职员也不断进行调整。8 月 31 日第十次会议决定：鉴于汕头市救灾事务已经结束，“除交通、卫生两股完全取消外，其余各股人员，亦应分别裁减”。计财政股主任二员，收支一员，管赈一员；庶务股主任二员，庶务二员；调查兼编辑股主任二员，编辑一员，录事一员；文牍主任一员；收发兼录事长一员，录事四名，什役若干名。并决定添举交际员若干员，以便招待外来各救灾团体人员。①

汕头赈灾善后办事处成立后立即对灾情展开调查，并制定赈灾办法，在救灾过程中起了领导、组织宣传等重要作用。在具体赈灾事务中汕头赈灾善后办事处不仅处理汕头善后事务，对潮汕其他灾区也一同办理，实际上起了潮汕赈灾总领导机构

① 《汕头赈灾善后办事处之组织及议案》，《汕头赈灾善后办事处报告书》第 1 期，汕头赈灾善后办事处调查编辑部编印，1922 年，第 14 页。

的作用。在8月9日召开的第三次会议中，议决函电致各县长、商会长或民团长，为汕头赈灾办事处协理，如没有时间参会，可派代表在汕头常驻，以便能随时商议救灾事宜。对于其名称，有人或问："既然为总领导机关，汕头赈灾善后办事处为何将其名称仅以'汕头'命之？"对此，8月31日，第十次开会议案曾对此作了说明："本处成立之始，因内地全无消息，只知汕头有灾而已，故本处宣名为汕头赈灾善后办事处。现汕头灾务，已办理完竣，则关系全在各县，汕头二字，不过为所在地之名称而已。"①

受灾各县也相继成立赈灾公所、分所等专门救灾机构。澄海县在县长李鉴渊的主持下迅速设立救灾善后公所。据"澄海县八二风灾碑记"记载："澄滨大海多飓风，潮溢时或有之，然只覆舟决堰，从未有毁庐舍毙人畜如民国十一年八月二日之祸之烈者……李县长于是有救灾公所之设，以松协理其事。"② 该救灾公所职员包括总理李鉴渊，协理周之松、王道，名誉协理吴少荃、蔡抡元、陈以湘，干事员蔡弼丞等30人，另有财政2人、文牍3人、收发1人、庶务3人、书记1人。公所成后，又"分函各区各设分所一所，以为辅助机关，庶通力合作，易于成功而免漏滥"。县属各区包括在城区、苏南区、东陇区、上篷区、下篷区、鮀江区、鳄浦区、中外区，也纷纷设立了救灾善后分所，各分所

① 《汕头赈灾善后办事处之组织及议案》，《汕头赈灾善后办事处报告书》第1期，汕头赈灾善后办事处调查编辑部编印，1922年，第5、15页。

② 蔡英豪总辑：《澄海八二风灾》，澄海县文物普查办公室，1983年，第9—10页。

同样分设总理、协理、名誉协理、干事员、财政、文牍、收发、庶务、书记各职。在李县长之《澄海县报灾快邮代电》电文中可见公所成立的详细情况："本月二日下午，县属地方陡起飓风狂雨，入夜九时以后风力益厉，震山撼岳……伤心惨目，莫此为甚。敝县长自知奉职无状，未能感召天和，以致人民罹此奇灾哀悼之余，尤深内疚。除已由县筹款派员分赴各区会同绅董，设立拯灾公所，分别收殓露尸，抚恤难民，暨分电各善堂派员来县拯救，并暂借县城李氏宗祠为县署办公地点外，合将被灾情形驰报察照，务望一体设法救济。则存没均感无任急迫待命之至。"① 再根据香港东华医院派往灾区视察灾情代表返港后的报告，"灾情以澄海为最惨，被祸而死者约四万余人，塌屋数千间。果园田亩，悉被咸水冲坏，已成石田，目下官商合办设立总救灾机关"等语②，可以断定，澄海救灾善后公所同汕头赈灾善后办事处性质相同，均为官绅合办之临时救灾组织。

普宁、潮阳等县也相继设立赈灾公所。普宁县于公署内组织赈灾公所，选举公正绅士为干事员，"概尽义务，不受津贴，务使惠及灾黎，毋偏毋漏，他日赈务结束，当再刊征信录汇报广告，俾众周知焉"③。

---

① 《各县报告灾况及现在办理赈灾情形》，《汕头赈灾善后办事处报告书》第1期，汕头赈灾善后办事处调查编辑部编印，1922年，第1、5页。

② 东华三院百年史略编纂委员会编：《东华三院百年史略》，香港东华三院，1970年，第184页。

③ 《各县报告灾况及现在办理赈灾情形》，《汕头赈灾善后办事处报告书》第2期，汕头赈灾善后办事处调查编辑部编印，1922年，第9页。

随着汕头市和各县救灾机构的设立，有些乡镇也设置了救灾分所，如樟林救灾分所就是澄海救灾善后公所之分所。风灾发生时，樟林主要依靠当地的自治组织保卫团救济灾荒。8月3日，民团局绅即开全体大会，以筹备救灾事宜，假保卫团为救灾公所，议决办法如下：

甲，雇工煮粥，分给灾民充饥；

乙，派郑弈珍君赴潮安请各善堂来樟收尸；

丙，组织临时救伤医院，请樟林各医生担任治疗。[①]

后奉澄海县县公署的训令，樟林开始正式设置救灾分所。救灾分所（当地人习惯上称之为救灾公所）于8月6日，即灾后第4天正式成立。樟林著名乡绅陈慎之在《樟林救灾善后公所之设及办理经过之纪略》一文中讲述了救灾分所的设置情况："灾成之日，予及同事诸绅，皆知事在必为，即以保卫团为总机关，凡一切皆在团中办理。亦不知本何身份，作何名称。惟从良心，尽力做去，实际上已成一完全之救灾公所。还奉县长指令，以在县城设立救灾总所，各区应即设立救灾分所，以归划一。始开正式大会，遍请全乡绅士，组织成立。遂举予为总理兼慈善主任，蓝君晋卿为协理兼工程主任，郑君笃生为文案兼调查主任，郑君月川为财政主任，陈君纪臣为卫生主任，黄君

① 蔡英豪总辑：《澄海八二风灾》，澄海县文物普查办公室，1983年，第40页。

树初为粮食主任。”该分所是由保卫团局发展而来的，其主要成员都是原保卫团局的局绅，总理陈慎之就是樟林保卫团局局长，实质并未改变，因而当地人多认为此分所是“形式之分所”。樟林救灾分所并应澄海县救灾善后总公所的要求，派林月初担任樟林区代表，常住总公所，负责联络事宜。[①]

救灾分所的活动围绕救急和善后两个方面展开。救急为主要工作，包括收尸、卫生、治安、救济、衣食、修理道路等事务。善后工作则有修筑堤围、修建房屋、救济耕牛农具等内容。

## 二　分地区勘查灾情及报灾

潮汕生命财产在此次风灾中损失重大，但各区受灾程度不等，具体受灾情况更无法估测，及时对各灾区展开调查是各项赈灾工作顺利进行的前提。

汕头赈灾善后办事处首次会议议定了该处章程，提议设置调查股主任二员，专理各处调查报告事宜。在随后召开的第二次会议中，决定添设调查股，专门办理各处调查报告事宜，推举李耀宇担任调查股主任。在第十次会议中，又决定“调查编辑股，添请陈梅湖君担任，并举钱热储君为编辑，月薪一十五元”[②]。关于调查股办理经过情形，《汕头赈灾善后办事处报告书》部分记录了调查主任李耀宇、陈梅湖的调查报告：“八月

① 樟林救灾公所编：《樟林八二风灾特刊》，汕头赈灾善后办事处调查编辑部编印，1922 年，第 35—36、47 页。

② 《汕头赈灾善后处之组织及议案》，《汕头赈灾善后办事处报告书》第 1 期，汕头赈灾善后办事处调查编辑部编印，1922 年，第 2、6、13 页。

十日，本股成立即制各种调查表式，请总理分寄本市公安局各区长，及各县县长暨救灾公所、商会、民团局各机关调查填报，又蒙黄日初、蔡汉源诸先生从中筹划，基督教、中西教友均热心救灾，愿为本处担任调查。”① 汕头赈灾善后办事处将灾区具体划分，并派任相应的调查员进行调查。各灾区调查员和相应的调查区域见表2－1。

表2－1　汕头赈灾善后办事处调查股各区调查成员简表

| 调查成员 | | 调查区 |
|---|---|---|
| 调查主任 | 调查员 | — |
| 李耀宇 | — | 汕头 |
| 陈梅湖 | — | 东南沿海一带 |
| — | 美国磊落（牧师）、黄庭宾 | 饶平黄冈、井洲、海山一带 |
| — | 美国康民、陈干臣 | 潮阳达濠、葛洲一带 |
| — | 陈成文、陈照初 | 潮阳在城、海门、下洋、桑田、关埠一带 |
| — | 蔡汉源 | 揭阳炮台、桃地都一带 |
| — | 刘泽荣（牧师） | 澄海盐灶、鸿沟、东陇一带 |
| — | 董甫卿、蔡列余 | 澄海鸥汀、外沙（砂）一带 |
| — | 连辑五、陈子澄及中华基督教、浸信会诸友 | 澄海苏南、苏北一带 |

资料来源：《赈灾事务报告摘要》，《汕头赈灾善后办事处报告书》第1期，汕头赈灾善后办事处调查编辑部编印，1922年，第12页。

① 《赈灾事务报告摘要》，《汕头赈灾善后办事处报告书》第1期，汕头赈灾善后办事处调查编辑部编印，1922年，第12页。

从表2－1可见，调查股人员分工比较明确，调查成员各自负责一片调查区域。调查员身份不一，既有县长等基层政府官员、商董代表、同乡团体代表，也有西方教友。调查地点并未局限于汕头一地，其他各灾区如澄海、潮阳、饶平等地，均尽心协助。尤其是澄海在此次风灾中损失最为惨重，所派人手也较多。

汕头赈灾善后办事处调查股成立伊始，即迅速展开实地调查工作。在汕头，该市被划为八区分别进行调察，以街、巷等为基本调查单位，对市民死、伤，建筑物倒、坏分别说明：第一区由署长赵壁负责，经调查市民死亡225人，房屋倒坏192间。第二区由署长魏昭负责，市民死亡284人，商店倒坏231间。第三区由署长郭济川负责，市民死亡15人，房屋倒坏22间。第四区由署长郭见闻负责，市民死亡154人，商店倒坏158间。第五区调查灾况报告书原资料缺失；第六区由署长马维谦负责，市民死亡24人，商店倒坏159间。第七区由署长林毓负责，市民死亡150余人，房屋倒坏309间。第八区由署长林树标负责，市民死亡9人，房屋倒坏254间。[①] 详见表2－2。

这一调查是以街、巷等为基本单位，对市民死、伤，建筑物倒、坏分别说明，可谓具体。但调查难免有遗漏之处，事实上，人员伤亡和建筑物倒坏数目大于表2－2所列（注已作说

① 《灾况调查表》，《汕头赈灾善后办事处报告书》第1期，汕头赈灾善后办事处调查编辑部编印，1922年，第1—8页。

明）。不可否认，该调查股的工作仍有很大意义，为汕头赈灾善后办事处有的放矢地实施灾后急救和重建工作做了重要前提准备。

表2－2　　八二风灾汕头市灾况调查

| 区　别 | 市民死（人） | 伤（人） | 建筑物倒（间） | 坏（间） | 地　别 |
|---|---|---|---|---|---|
| 第一区（署长赵壁报告） | 225 | — | 192 | — | 碾硃街、永安街口篷寮、和乐街、升平街头、升平四横街、永泰七横街、永安二横街、永泰街口篷寮、永奥直街、异平街口篷寮、永和街口篷寮、永奥街口篷寮等 |
| 第二区（署长魏昭报告） | 284 | 3 | 156 | 75 | 育善前街、至安街、万安街、德里街、吉祥街、育善后街、怀安街、德奥市、棉安街、益安街、仁和街等 |
| 第三区（署长郭济川报告） | 15 | 17 | 22 | — | 本署警察、顺奥街、中奥街、新康里三横街、永顺街、老市街、老妈宫街如安街等 |
| 第四区（署长郭见闻报告） | 154 | 36 | 59 | 99 | 公安局前上下篷寮、大马路、广州街、南北园、内马路、沅奥桥头、商业街、大马路大舞台前一带、联奥里、新奥街左巷、马光利、致祥里、李家祠、内马路、指南里、第四区区署等 |
| 第六区（署长马维谦报告） | 24 | 12 | 32 | 127 | 行署左巷、天后宫右巷、福合沟、南商前、南商海旁、福安街、天后宫左巷等 |
| 第七区（署长林毓报告） | 150余 | 53 | 105 | 204 | 新马路、茭�地、乌桥、光华埠、火车桥坞地、中马路、长华火车厂、火车桥脚篷屋等 |

续表

| 区　别 | 市民死（人） | 伤（人） | 建筑物倒（间） | 坏（间） | 地　别 |
| --- | --- | --- | --- | --- | --- |
| 第八区（署长林树标报告） | 9 | — | 61 | 193 | 署前直街、署前左街、署前右街、小角石、蠔前乡、海关顶、洋人住屋等 |
| 总计 | 861 | 121 | 627 | 698 | — |

资料来源：依据《汕头赈灾善后办事处报告书》第1期之汕头市第一、二、三、四、六、七、八区灾况《调查表》资料统计而来。汕头赈灾善后办事处调查编辑部编印，1922年，第1—8页。

注：1. 原文缺少第五区灾况调查，故本表未收入第五区灾情调查情况。

2. 上表所列第一、三、六、七、八区建筑物倒坏系房屋倒坏；第二、四区建筑物倒坏系商店倒坏。

3. 本调查表，对损失无确定者，如货物损失，自经水浸后损失价值无一定，又如店屋毁坏，查本市无一间完全未被损者，故各区虽间有记载，但并不详细，故未列入本表。

4. 此次倒屋，以本市四边之篷寮小屋为最，且多未挂门牌，一经倒去，全家尽死，纵有生存，也已移居别处，无可查实。

5. 此次死人以篷寮及码头船艇为最多，且尸漂海中，亦难确查，上列七区街内，查得死人仅千数百名而已，其实总在二千之数，存心善社已经收埋者共一千二百余名，合并识之。

澄海县的灾后调查工作主要以区为调查单位，围绕受灾死亡、因灾倒塌损坏房屋、堤围崩决伤坏、受灾不能耕种之田园等内容展开，各区分别调查造册，详细调查了家禽、家具、果木、稼穑等各方面损失（见表2－3）。

表2－3　澄海县造报民国十一年八月二日风灾调查损失总表

| 区别 | 死亡人数（口） | 房屋倒塌损坏（座、间） | 堤围崩决伤坏（里、丈、尺） | 田园不能开耕（亩） | 财产损失（元） |
|---|---|---|---|---|---|
| 在城区 | 89 | 67 座 5006 间 | 2622 丈 | 200 余 | 60000 |
| 苏南区 | 4238 | 651 座 4280 间 | 20 里 8277 丈 | 23740 余 | 1633900 |
| 东陇区 | 3835 | 302 座 2004 间 | 15275 丈 | 24750 | 645190 |
| 樟林区 | 3328 | 383 座 4104 间 | 15016 丈 | 22700 余 | 2338387 |
| 上蓬区 | 10452 | 781 座 5577 间 | 13 里 14618 丈 | 58500 | 1668000 |
| 下蓬区 | 3101 | 761 座 5194 间 | 8136 丈 6 尺 | 25600 | 1326150 |
| 鮀江区 | 1677 | 7305 间 | 10924 丈 | 20460 | 1524444 |
| 鳄浦区 | 268 | 68 座 1604 间 | 8527 丈 | 11000 余 | 200000 |
| 上中区 | 8 | 30 座 2560 间 | 848 丈 5 尺 | 约 100 | 61000 |
| 统计 | 26996 | 3043 座 37634 间 | 33 里 84244 丈 1 尺 | 187050 余 | 9457071 |

资料来源：依据《澄海县全属风灾调查报告表》（澄海县委员会编印，1922 年，第 56 页）统计而来。

该表为澄海县造报民国十一年八月二日风灾调查损失总表，灾发后，依照行政地理区划，澄海全县被分为在城、苏南、东陇、樟林、上蓬、下蓬、鮀江、鳄浦、上中九个警区。各警区又划分为乡、社分别调查，详细造册。经调查，损失田园所种稼穑、牲畜、财产、农具、家器损失估计约 945 万元，倒塌损坏房屋 3043 座 37634 间，每座最低平均估银 1000 元，共计银 3043000 元，每间最低平均估银 100 元，共计银 376 万余元；公私各堤基崩坏决口共 33 里 84244 丈余，修费约需 100 万元；不能开耕的田园每亩至少有 10 余元收益，共计损失 200 余万元。

总计损失达2000万元以上。[①]

与此同时，潮阳、饶平等其他各灾区也迅速展开调查活动。据调查报告称，“汕头市以外，自妈屿岛以至潮梅各县损失百倍于汕头”[②]。潮阳在风灾中“伤数约八九千人，毙数约五六千人”。潮安县按区详细调查，“所有各乡田园果木尽被摧残，房屋倒塌，船只沉没，货物漂流，综计损失当在数百万以上”[③]。

调查股主任陈梅湖亲自乘船在东南沿海一带进行调查。据其勘察报告，“潮汕沿海三百余里，居民压溺毙命者五万余人，伤者倍之，乏栖息、衣食者四十余万。庐舍、田园、船舶、牲畜、塘鱼、堤围、果木、稼植冲塌漂沉十之七八。被飓区域成一三角形，东角起饶平宣化都之柘林寨，向西北斜展，中经大港、霞绕、黄冈镇、信宁都、陈塘堡，潮安之梅州版、北坑山、洋峙溪，丰顺之九河口、吴全岽、金鼎寨至汤坑二百二十余里……受灾以沿海为最重(从海岸直入三十里内)，而东南尤甚，西南自靖海石碑至溪东一带已偏于西，损失不大……灾情之重，古今罕见，中外同哀”[④]。

在调查灾情的同时，潮汕当地政府意识到灾情重大，亟须设法赈救。但仅凭官府自身力量难以应对，必须向海内外各界广发函电报灾。报灾面临一个首要问题是，灾后汕头电报不通。

---

① 澄海县委员会编:《澄海县全属风灾调查报告表》，1922年，第56页。

② 《汕头市被灾概况》，《汕头赈灾善后办事处报告书》第1期，汕头赈灾善后办事处调查编辑部编印，1922年，第4页。

③ 《各县报告灾况及现在办理赈灾情形》，《汕头赈灾善后办事处报告书》第1期，汕头赈灾善后办事处调查编辑部编印，1922年，第4、6页。

④ 汕头市档案馆馆藏资料（地方志）:《潮汕东南沿海飓灾纪略》，1922年第78号卷，第1—2页。

汕头赈灾善后办事处只能将报灾电稿寄给香港方养秋，由香港代为向各埠拍发电文。在8月5日致香港方养秋的函电中称："惟各处电线多半摧折，无从电达，故函附电文一纸，请尊处代为拍发，并报纸一束奉呈。"① 所附"通电各埠报告灾情请速赈救"紧急电文曰：

> 暹罗、新加坡、安南、霹雳中华总商会，广州八邑会馆，上海潮州商会公鉴：潮属旧历蒸日，巨风为灾，竟夜不息，兼以大雨，晚十二时潮水暴涨，汕头一埠，水深及丈，沿堤各机房、洋楼、住屋倒塌过半，淹毙人民数千，无棺可殓，伤者不计，街内房屋亦遭残坏，货件损失在数千万以外，澄海、饶平、潮阳三县沿海一带乡村悉成泽国，毙命不下十万人，其余各县尚在调查中。此次灾情较戊午年地震倍重，哀音惨象不忍闻睹，现本埠同人开会议决，由官商合力赶办救灾善后各事宜，经在六邑会馆内设立汕头救灾善后办事处，所需款项，先由汕商会筹办用，一面设法募捐，诸公桑梓关怀，慈祥夙著，务祈鼎力协助，俾全善举，诸绩详达，先此电闻。②

此后在致方养秋的函电中又多次附乞赈电文，所附"通电

①《关于赈灾来往函电》，《汕头赈灾善后办事处报告书》第1期，汕头赈灾善后办事处调查编辑部编印，1922年，第1页。

②《关于赈灾来往函电》，《汕头赈灾善后办事处报告书》第1期，汕头赈灾善后办事处调查编辑部编印，1922年，第2页。

陈总司令报告灾情请拯救”电文，即请求惠州陈炯明总司令给予援救。同时向国内各潮州会馆等同乡组织请求募捐赈济，包括分电北京丞相胡同潮州会馆、上海广肇公所、上海潮州会馆、汉口潮嘉会馆、镇江潮州会馆、天津漳潮会馆、烟台潮州会馆、牛庄潮州会馆、芜湖潮州会馆等，广求诸潮州会馆协助。①

汕头赈灾善后办事处调查股并将收集的各处灾情影片，编印成《汕头赈灾善后办事处报告书》，包括汕头市风灾影片、被灾概况、办事处组织及历次议案、调查表、赈灾来往函电等，分寄中外，使海内外各界及时了解灾情而协力助赈。调查股主任陈梅湖同时将调查灾情报告编写成《潮汕东南沿海风灾纪略》一册，凡16页，由市长王雨若亲自签署。该书所记东南沿海一带灾情非常翔实，包括这一带房屋倒塌、人员伤亡、牲畜伤亡、果木受灾、农业损失、堤围溃决、社会救灾等，均一一说明，为海内外各界了解灾情提供了较为完整的资料。

为使灾情更直观地被海外侨胞知悉，汕头存心善堂还委托汕头艳芳相馆拍下一套反映灾后惨状和善堂赈灾场景的照片，共99张。其中包括街道、民宅、领事馆、海关、法院、学校、码头、戏台、会馆、货轮等灾后惨况，以及灾区赈灾物资发放情况、水面浮尸打捞场景等，惨不忍睹，引起海内外各界的广泛同情和关注。

① 《关于赈灾来往函电》，《汕头赈灾善后办事处报告书》第1期，汕头赈灾善后办事处调查编辑部编印，1922年，第3页。

## 三　制定救灾办法

制定行之有效的救灾办法是各项救灾工作正常开展的关键。综观汕头赈灾善后办事处历次开会议案，其制定的救灾办法主要围绕施放款物，总的原则是将赈灾款物“分交各县自行办理”。为把赈灾款物及时有效地分发给各灾区，汕头赈灾善后办事处前期会议着重讨论制定了该项办法，包括赈米分发办法、饼干分发办法、赈款分发办法、药品分发办法等。

赈米分发办法。8 月 7 日，第二次会议首次制定赈米分发方案：“提议香港英政府捐助赈米百包，及本处自购白米六百包，共七百包，作八份摊分。计澄海得三份，潮阳二份，饶平一份半，潮安、揭阳各七厘半。”8 月 9 日，第三次会议重新议定赈米分发办法：“此次白米千包，分发各县份数如下：计澄海四份，潮阳、饶平各两份半，汕头一份。”8 月 11 日，第四次会议将近二千包赈米“议拨二百包，交南澳林县长代赈，其余依照第二次分派各县份数摊发（即澄海四份，潮阳、饶平各两份半，汕头一份）”。8 月 15 日，第六次会议议定第五次赈米分发办法：“计香港英政府米三百六十七包，东华医院米六百三十包，共米九百九十七包，议决拨四十七包交揭阳、桃地两都发赈”，其余按照第五次各县暂借款项成数分给。8 月 18 日，第七次会议提议第六次赈米分发办法，在收入的两千一百二十包赈米中，“提一百包，发赈揭阳、桃地两都，其余米额，依照第五次分赈各县成数办理”。8 月 25 日，第七次会议除将五百包赈米“依照第

六次成案分发澄海、饶平、潮阳三县外，余提一百七十八包补还饶平，十包补还南湾，其余二百四十一包，在汕头区散赈”①。

赈款分发办法。第五次会议同时制定了赈款分发办法：“将本处现在收入赈款，约拨三万元暂时分借各县，计澄海暂借一万五千元，饶平暂借八千元，潮阳暂借七千元。”② 在第八次开会议案中，再次议决赈款暂借办法：“将收存赈款内，再拨四万元，照前议案分借澄海、饶平、潮阳三县，并拨出二万元，存候各县报告，查明灾情轻重，分别借给。”③ 汕头赈灾善后办事处特别指出，“本处除汕头本市外，其余各属救灾事务，向来均将赈款赈物，分交各县自行办理，并未直接分赈，此后亦应如是，以免挂一漏百之患”，且“除由本处请拨之官阙，（各国领事捐款亦作官款论）及外埠已经交到本处之赈款，应如何分拨，仍由本处开会集议外，此后如有外处团体交到捐款，应函请该团体自行分拨，本处仅代为收转，以清权限（如有函请本处代拨者不在此例）”④。

分发捐药办法。如第八次会议提议“计广州和平公司捐仁丹十四盒，济众水二打，又益寿堂捐菩提露十包，议拨送存心

---

① 《汕头赈灾善后处之组织及议案》，《汕头赈灾善后办事处报告书》第1期，汕头赈灾善后办事处调查编辑部编印，1922年，第5—10页。

② 《汕头赈灾善后处之组织及议案》，《汕头赈灾善后办事处报告书》第1期，汕头赈灾善后办事处调查编辑部编印，1922年，第8页。

③ 《汕头赈灾善后处之组织及议案》，《汕头赈灾善后办事处报告书》第1期，汕头赈灾善后办事处调查编辑部编印，1922年，第10页。

④ 《汕头赈灾善后处之组织及议案》，《汕头赈灾善后办事处报告书》第1期，汕头赈灾善后办事处调查编辑部编印，1922年，第15页。

善堂应用。至旅沪广东潮汕风灾筹赈处，捐来济众水六箱共三千罐，则存候各处医院、善堂应用”[①]。

其他赈品分发办法。第三次会议还制定了饼干分发办法，其方法依照当日议决分米份数配发，计澄海四份，潮阳、饶平各两份半，汕头一份。[②] 对于捐来的牛乳，除议决发给伤病之人为饮料外，并分送各救生队、各善堂应用。[③]

由上可见，汕头赈灾善后办事处赈款赈物发放方法主要有两个特点：一是赈品并未直接发到灾民手中，而是发往受灾各县署。二是汕头赈灾善后办事处收入的赈物并非仅局限于汕头一地，赈灾物品发往潮汕各受灾地区，且对于受灾比较严重的澄海地区赈济尤力。明确、细致而又不失条理的分配方法，确保了赈灾物品及时发放到受灾各县和各善堂、医院，为灾区灾后急救工作的开展提供了较为稳定的后方保障。

不单是制定赈品分发办法，通过各次会议议案所见，汕头赈灾善后办事处尚制定了其他多项或总体或具体的救灾办法。例如：第一，应付蚊蝇办法。东华医院总理何华堂提议，“现时蚊蝇甚多，飞宿食物，大碍卫生，易染人民疾病，急需采买煤油渣散拨各处”。第二，制定清除各街道垃圾办法。第三，分管

① 《汕头赈灾善后处之组织及议案》，《汕头赈灾善后办事处报告书》第1期，汕头赈灾善后办事处调查编辑部编印，1922年，第10页。

② 《汕头赈灾善后处之组织及议案》，《汕头赈灾善后办事处报告书》第1期，汕头赈灾善后办事处调查编辑部编印，1922年，第5页。

③ 《汕头赈灾善后处之组织及议案》，《汕头赈灾善后办事处报告书》第1期，汕头赈灾善后办事处调查编辑部编印，1922年，第9页。

救灾。自汀属鸿沟盐灶，在饶平属井州一带地方，由英商会负责救济，其余各灾区，由香港八邑商会、存心善堂暨各团体联络担任，设法补助。如有乡民请求，酌量核办，但要先知汕头赈灾善后办事处查照。第四，本市倒塌楼屋修葺费，照戊午年地震商会旧案办理，等等。第五，其他如请各团体急赴上河一带买竹送往各灾区，或给渔民，或拨搭篷，避免灾民流离失所。建“栖留所”收容难民。后又将“栖留所”及各处难民分别给发川资、船票、米粮，遣送回籍，等等。[①]

## 四 救灾的具体活动

### （一）清理街道、拆除危房

台风过后汕头道路毁坏严重，且各种杂物堆积于路上严重影响了交通运输，亟待清理。交通运输的破坏又使大批人力车夫失业，无以维持生计。鉴于此种情形，汕头市政厅采取果断措施，以“工赈”办法组织闲散无业车夫清理道路。8月13日，汕头市政厅于《申报》布告称：“照得本市突受风灾，障碍各物，充塞街道，所有手车，不能照常行使，车夫均行失业，殊属可悯，现经饬局雇工清除道路障碍。尔等车夫，正可借此维持生活，合行布告，仰各车夫等一体遵照。尔等应需即日举定工头，前赴公安局报到，听候雇用。”对于前来报到的车夫，政府发给他们工钱，“所有工价照常发给，以便早日恢复地方交

① 《汕头赈灾善后处之组织及议案》，《汕头赈灾善后办事处报告书》第1期，汕头赈灾善后办事处调查编辑部编印，1922年，第7—15页。

通，尔等亦得早日复业，毋违此示”。[①] 此项工作由交通股担当。之后，交通股立即组织车夫等雇工进行街道清理工作。

清理街道工作主要包括清除街道瓦砾、砖石和粪土等障碍物。汕头赈灾善后办事处交通股承担了汕头一市的街道清理任务。如8月5日，一区永和街头、和乐街，垃圾瓦砾阻碍交通，用工人十名搬运；二区淮安街第一津街、淮安横街，垃圾瓦砾阻碍交通，用工人十五名搬运；三区镇邦街头、至安街，垃圾瓦砾阻碍交通，用工人十四名搬运……8月7日，一区永和街、升平街瓦砾粪土用工人三十三名挑运；二区镇邦街中股瓦砾粪土用工人二十五名挑运；三区镇邦街中股粪土瓦砾用工人二十一名挑运……[②]

其他各地也相继展开道路清理工作。如樟林救灾分所灾后就把清理街道作为善后的主要任务之一。据称，灾后“东南社沿地一带倒屋之瓦砾，堆积如山，不独交通梗塞，而卫生亦大妨害。日昨救灾公所开会议决分段修理”[③]。经过一个月的清理，终于有了成绩，《道路交通已恢复》报告称：该地带“经由救灾公所，先后拨项修整。并由工程主任蓝晋卿君每日亲赴各段督促，现已竣工，交通亦恢复如常矣”[④]。

---

① 《汕头风灾之大惨剧》，《申报》1922年8月13日。

② 《赈灾事务报告摘要》，《汕头赈灾善后办事处报告书》第1期，汕头赈灾善后办事处调查编辑部编印，1922年，第1页。

③ 樟林救灾公所编：《樟林八二风灾特刊》，汕头赈灾善后办事处调查编辑部编印，1922年，第7页。

④ 樟林救灾公所编：《樟林八二风灾特刊》，汕头赈灾善后办事处调查编辑部编印，1922年，第14页。

对于遭受风灾之危险建筑物，汕头市工务局通知拆除，其布告称："本局现为善后起见，派员分赴各街段，调查现存建筑物，有无危险，除俟调查实在，通知应拆者即行照拆外，其有调查未至之地，自己觉有危险者，务即随时来局报明，先行拆去，以免危害。所有屋顶凉篷，及墙外飘楼，已经倾倒者，一概不准复建，其有残存者，亦应拆去。关于此次风灾，仅吹去瓦椽者，概免报勘，以便迅速修复。但与墙柱有关系者，仍须报明核定，方得兴修。修理房屋工料在三百元以上者，自布告之日起，至十月底止，一律免纳执照费，以示体恤。"① 对此，交通股作了努力，如8月12日，一区永泰街口危墙一碑、永安街口粪土瓦砾，用工人三十三名即日拆除危墙，并清运瓦砾等。二区福甯里一号二楼危墙一碑，吉安街三号对面第五署、育善五十六号各危墙一碑，育善街四号晒台危险，仁和街五十五号过街墙危险，用工人二十二名均即日拆卸清除。三区打锡街尾危墙一碑，用工人二十四名即日拆卸，均可通行。四区明惠巷有道里倒墙，商业横街危墙一碑，即日拆卸，均可通行，用工人二十六名。六区各街瓦砾垃圾、天后宫左巷二号危墙一碑、金山街二号全屋危险、大厝内五十六号三楼危墙，用工人十一名即日拆卸，搬清通行。8月13日，四区花园路源泉巷各倒墙、明惠巷运去泥土，用工人四十三名搬运，连花园路源泉巷，均

① 《汕头风灾之大惨剧》，《申报》1922年8月13日。

打平可行。①

经过一段时间的紧张清理，汕头市马路交通已基本恢复。8月13日，汕头赈灾善后办事处第五次会议宣布：“本市马路街道，交通已便，应将本处交通股，先行结束，所有未尽事宜，并归卫生股办理”，汕头市交通清理工作暂告一段落。②

（二）办理卫生

风灾过后死尸死畜遍布灾区，伤员比比皆是，且污秽之物充塞各地，灾区卫生环境受到极大破坏，以致引发瘟疫。汕头赈灾善后办事处特设卫生股办理相关事宜。

一是收埋死畜。灾后汕头死畜遍地，多来不及收埋，不但阻碍了交通，且日久尸体腐烂，臭气熏天，给当地卫生带来了诸多隐患，许多地方已经发生虎疫。卫生股立即展开收埋死畜活动：

> 八月四日，自四区署前起经大舞台至联兴里口止，死牛一只，猪三只，鸡鸭、鼠猫无数，或用草席，或用小竹筐，或用粪箕，或用索捆，然后挑往石炮台旁边埋葬……又自临时公园前起至商业街口止，死牛一只，猪四只，鸡鸭秽物无数，其办法亦与上略同。
>
> 五日，自联兴里口起至葱陇止，死猪二十八只，狗一

① 《赈灾事务报告摘要》，《汕头赈灾善后办事处报告书》第1期，汕头赈灾善后办事处调查编辑部编印，1922年，第4—7页。

② 《汕头赈灾善后处之组织及议案》，《汕头赈灾善后办事处报告书》第1期，汕头赈灾善后办事处调查编辑部编印，1922年，第15页。

只，鸡鸭鼠无数，其办法与四日略同……又自崎碌雨亭脚起至中马路止，死猪二十二只，羊一只，牛一只，狗一只，鸡鸭无数，其办法与四日略同。

六日，自葱陇至石炮台，死猪十六只鸡牛一只鸡狗二只鸡羊一只，秽物无数；又由治平里起至轻便车头止，死狗一只，猪十二只，鼠鸟鸡鸭无数；又由回栏桥起至大舞台止水面一带，死牛一只，猪一十三只，狗一只，鸭鸟鸡蛇鼠无数，其办法与四日略同；又由潮阳火船头起至大舞台止水面一带，死牛一只，猪一十三只，鸟鸡无数，雇船二艘，载往葱陇埋葬。

七日，自商业街口海岸至审判厅，死猪十四只，牛一只，死马一只，鸟狗鸭鸡无数，雇船二艘，载往葱陇埋葬。又由饷关前至永兴街口，死猪六只，羊一只，鸡鼠鸟无数。又自轻便车头起月眉塭止，死猪八只，狗一只，鸡鸟无数，其办法与上略同。又自荧茔地至乌桥死牛一只，猪十二只，鸟类秽物无数。又自永安街口至同济桥水面一带，死牛一只，鸟类秽物无数，各雇船二艘，一往石炮台边埋葬死畜，一舵往海外抛沉秽物。

八日，自四区前起至石炮台止，死猴一只、猪三只、狗一只，鸡鸭鼠蛇无数。又由乌桥起至下乌桥止，死猪三只，牛一只，鼠鸟鸡鸭无数。四区前起至临时公园止，秽草无数，其死猪各物雇船二艘，舵往海外，投诸深流。饷关前起至葱陇岭止水面一带，猪五头，鸟类秽物无数，雇船二艘，一艘载死畜埋葬，一艘舵秽物出海外抛弃深流。

九日，自四区前起至联合里巷止，秽草及垃圾数百担，雇船二艘，载往海外沉诸深流。又自治平里起至福合沟止，牛一只，鸟类蛇死蛙死无数，即雇脚挑埋。又自饷关前起至火车头止水面一带，死猪四只，狗一只，鸟类秽物无数，雇船三艘，一艘载死畜埋葬，二艘载秽物出海外投诸深流。①

这项活动从8月4日至9日进行了6天，汕头市区大部分死畜已运至合适地点埋葬，未收尽的死畜发现后继续零散地进行掩埋。这项任务看似简单，实际上非常繁重，卫生局因调工五十八名帮同存心善堂收尸，只剩三十五名，人数远远不够，只能雇补工填补。然死畜臭秽不堪，气味难闻，补工多不愿从事此项工作，不得不多补给他们以工钱。

二是清理垃圾。灾后汕头垃圾遍地，各种污秽物堆积，日久发酵，于卫生极为不利。卫生股成立清洁队承担此项工作。如8月17日，“和安街口垃圾无数，雇用夫役搬入船运至深流倾倒。绍昌码头、和安街口、永兴街口，概雇船运至深流倾倒”；8月27日，“太古、怡和码头，联兴里至大舞台、德记码头、鸿生肥皂厂，后商园路至振和里，内马路至致祥里，垃圾

① 《赈灾事务报告摘要》，《汕头赈灾善后办事处报告书》第1期，汕头赈灾善后办事处调查编辑部编印，1922年，第5—6页。

无数，均雇工一百五十四名，用船运至深流倾倒”[①]。此项工作持续进行了10天有余，清除垃圾无数。

三是救济伤员。此次风灾不但夺走了众多人的生命，就连侥幸生存者，也难以逃脱伤痛的折磨，加上灾后引发瘟疫，医疗救济刻不容缓。“汕头赈灾善后办事处”卫生股成立伊始，立即组织救伤队扶伤。该救伤队主要从事施医施药活动：“八月五日，本市十九名救伤队沿户施医施药；六日本市一百二十九名救伤队沿户施医施药；七日，本市六十五名救伤队沿户施医施药；八月十四日澄属莲阳三十九人救伤队施医施药概用西药；十五日澄属莲阳二十六人救伤队施医施药……”[②] 该救伤队所用药品概用西药，直至8月22日，仍有救伤队在澄属施医施药。与此同时，汕头卫生局率同各善堂及水龙工会清道夫役，实行大洗涤，将市上街道，分别洗涤尽净，并用臭水[③]遍洒，以重卫生。[④]

澄海之樟林用现代方法处理卫生事宜。其救灾分所也设有卫生主任，经卫生主任建议，于灾后半个月制定了关于公共卫生的七条决议：

---

① 《赈灾事务报告摘要》，《汕头赈灾善后办事处报告书》第1期，汕头赈灾善后办事处调查编辑部编印，1922年，第7—8页。

② 《赈灾事务报告摘要》，《汕头赈灾善后办事处报告书》第1期，汕头赈灾善后办事处调查编辑部编印，1922年，第6—7页。

③ 臭水，煤焦油溶液的俗称，具有杀菌、消毒作用，可以驱散腥臭，是理想的环境卫生消毒剂。

④ 《潮汕大风灾详志》，《南侨月报》1922年第1期，第45—46页。

一、议决修理各处粪土，由各社社绅，责令各厂各段居人，自行修理之。

二、议决各处厕所，由本分所会同警察分所布告，限期七月十五以前，各厕佃自行将厕起清。否则本分所会同警察分所布告，招外乡人取用，厕佃不能抗阻，违则取罚。

三、议决本分所同警察分所布告，居民人等小儿，不准于街路沟渠便溺，违者罚银一毫。又各社牲畜，亦一律禁止，不能放出。

四、议决由本分所布告，扑掠苍蝇，每一百个，给钱一十文，由本分所交点，发给工价。

五、议决由本分所，劝告居民毋食生物。

六、议决俟地方修理后，由本分所借水车局水龙，清洗各社沟渠。并购臭水，发给各社拨用。

七、议决俟地方修理后，由本分所请洋医到樟注射。①

以上七条决议，要求很严格，包含了该赈灾分所处理卫生事宜的具体应对措施，包括粪便、厕所的管理、苍蝇的扑掠，以及生物的食用、沟渠的消毒清理，等等。且有的条款明文禁止，有的条款实行奖赏制度，奖惩分明。

对幸免于难的伤民，该分所还组织临时医院疗治。请沈阁秋为主任，并聘请刘存慈、林瑞征两君为男女医生，尽力抢救

① 《救灾公所文牍》，《樟林八二风灾特刊》，樟林救灾公所编，1922 年，第 36—37 页。

伤员，终于使二百六十二名伤员获得痊愈[①]。

（三）募捐与施赈

施赈主要包括施放赈款和赈物，如购买米粮、衣物、煮粥施药等。大的自然灾害发生后，通常会使人民流离失所、无衣无食，以致灾民遍地。因而，施放赈物是救灾工作中最常用的方法，也是最先要解决的问题。

风灾发生后，潮汕地方各市县官厅立即开展急赈。澄海县筹款数千元，派员驰赴各灾区急赈。饶平县派员携带大米等赈灾物品赴灾区办赈。南澳县派人分区救护难民，维持秩序。[②] 但因灾情重大，赈款不足，各官厅在设法赈济的同时向国内外各界广泛募捐，社会各界纷纷捐资。摘录《汕头赈灾善后办事处报告书》之《征信录》其中部分记载如下[③]：

各港捐款数目（8月5—31日）：

一、收香港八邑商会来港纸五千元、申直银五千四百七十八元整，又收豪银五角七仙一文、申直银五角一仙伍文。

二、收上海潮州会馆来七一五兑银一万五千元、申直

① 《樟林灾后见闻录》，《樟林八二风灾特刊》，樟林救灾公所编，1922年，第19页。

② 《各县报告灾况及现在办理赈灾情形》，《汕头赈灾善后办事处报告书》第1期，汕头赈灾善后办事处调查编辑部编印，1922年，第1—9页。

③ 《征信录》，《汕头赈灾善后办事处报告书》第1期，汕头赈灾善后办事处调查编辑部编印，1922年，第1—5页。

银一万五千三百二十一元一角四仙三文，又收来豪银二角八仙六文、申直银二角五仙八文。

三、收厦门人道善堂来龙二千元、申直银二千一百二十二元八角整。

四、收芜湖潮州会馆来七四兑银三千元申直银三千一百七十一元四角二仙八文。

五、收各港商号捐款共来直银四千九百六十五元九角三仙八文。又收来豪银一元一角七仙八文、申直银一元零六仙二文。

六、收外埠各界共捐来直银二千一百九十七元整，又收来豪银五百六十三元二角整，申直银五百零七元六角八仙四文，又收来叻纸一元、申直银九角四仙三文。

七、收各银庄来贴息银九十一元八角四仙四文。

……

以上二十款总共捐来直银一十二万五千四百八十二元零五仙三文。

本市捐款数目（8月5—31日）：

1. 收商会各行档借款共来直银九千九百元整。

2. 收东区捐款共来直银二千二百一十五元整。

3. 收西区捐款共来直银九千八百三十七元整。

4. 收南区捐款共来直银四千零一十五元整。

5. 收北区捐款共来直银七千四百二十四元整。

6. 收本市各界捐款共来直银八千六百零六元整。

……

从上述列款可知，从8月5日起至31日止，汕头赈灾善后办事处即收到香港八邑商会、上海潮州会馆、厦门人道善堂、厦门商会、厦门广东会馆、厦门同济社、芜湖潮州会馆、营口粤东会馆、各港商号、外埠各界、梅县劝赈潮汕风灾会、各银庄等，捐助直银12万余元。汕头本市各区也纷纷捐款救灾，商会各行档借款、各区捐款、本市各界捐款等，总共直银五万多元。①

然而，此次潮属各处灾情重大，"待赈之民，少亦数十万，纯靠募捐，恐杯水车薪，无济于事"②。汕头赈灾善后办事处函电北京政府求助，请求北京政府划拨关余20万，作为潮属施赈之用。与此同时，赈灾处恳请北洋政府仿照前次直北赈灾拨关余附关税充作赈款，是为"加税赈济"。

"加税赈济"，这是一种特殊的政府救灾方式。民初北京政府财政空虚，无力拨发足够款项救灾，1920年直北灾荒时，北京政府即曾以加捐税方式赈灾。汕头赈灾善后办事处电请北洋政府仿照前次直北赈灾，将汕头海关进口货税附加一成赈灾，其电称："本月二日上午八时，汕头暨沿海各处，忽发飓风，加以海潮暴涨，水深七八尺，全埠房屋倒塌不可胜数……灾区之

---

① 《征信录》，《汕头赈灾善后办事处报告书》第1期，汕头赈灾善后办事处调查编辑部编印，1922年，第1—5页。

② 《汕头大风灾筹赈纪》，《申报》1922年8月18日。

广，灾情之重，为历来所未有。虽经设立汕头赈灾善后办事处，立时开办，无如灾广费巨，急切难筹。查前年直北灾荒，曾有加税赈济成案。潮属目前情形，实与前年直北灾荒无异。拟援直北成案，就汕头进口货物，附加一成赈捐，以一年为期，俾资接济。经与驻汕各国领事，及潮海关监督税务司商议，无不赞成。伏乞钧部钧处不分南北，一视同仁，函商各国驻使，令行办理。并恳于关余项下，先借拨银二十万元，俾济眉急，将来即在所加一成赈捐内归还。"①

在请求北京政府"加税赈济"之前，汕头赈灾善后办事处还广发函电，就"加税"一案请求援助。如《分函祝汕各领事及税务司、海关监督函》，恳请领事官、税务司、海关监督、电报局长"悯念奇灾，俯予赞助，以拯垂毙之众而宏胞与之仁"②。又《致北京广东潮汕义赈会电》云："祈贵会力予赞助，求速恳开收时期，并电税务司知照。"③ 汕头市王雨若总理还遍访各国领事馆，恳请助赈。对于"汕头赈灾善后办事处"的请求，美、英、日、法各领事馆均纷纷复函，表示赞成。各领事官并称"当即电达驻北京公使，协力赞助"。税务司及海关监督也表示"极端赞成"。④

---

① 《关于赈灾来往函电》，《汕头赈灾善后办事处报告书》第1期，汕头赈灾善后办事处调查编辑部编印，1922年，第28页。

② 《关于赈灾来往函电》，《汕头赈灾善后办事处报告书》第1期，汕头赈灾善后办事处调查编辑部编印，1922年，第28页。

③ 《关于赈灾来往函电》，《汕头赈灾善后办事处报告书》第1期，汕头赈灾善后办事处调查编辑部编印，1922年，第32页。

④ 《汕头大风灾筹赈纪》，《申报》1922年8月18日。

应汕头赈灾善后办事处的请求，北京政府决定除“援照上年北五省旱灾成案外，所有汕头海关常关进出口货物一律附加一成，以一年为限”，同时“拟在上届海关税加余款项下筹拨十万元，交赈务委员会组织华洋放赈团体前往施放”[①]。北洋政府还决定拨款5万元赈灾，并于当年10月间派专使赖禧国南下视察慰问。《申报》称：潮梅善后处也划拨盐款6万元助赈；陈炯明也将借款项下提拨6万元急为施赈；叶总指挥（叶举）也捐款2000元助赈，并函知钟厅长从速设法筹拨巨款救济。[②]

向各界筹措的赈款，除一部分留作汕头市的赈灾费用外，其余悉数拨交汕头赈灾善后办事处，摊发各县办理救灾善后事宜使用。

对于灾后的“粮荒”，汕头赈灾善后办事处曾几次自购白米发放，同时也向国内各界广泛筹募，主要包括筹募面粉、大米、饼干等，发给灾民。潮汕当地政府并向海外各国购买面粉：“今各界已举办赈灾，向美国先行购入大宗面粉，以济灾民。计第一批由汕头之礼昌洋行经办，向北美西雅图购得面粉三万二百包，委托提督公司之亨利轮输运来华。并有二万五千包系至厦门者。亨利轮刻已抵申，即日将车载此两批面粉五万五千二百包，运赴汕厦交卸。”[③] 对于其他赈济用品如药材、水等，赈灾处也多方筹募。

---

① 《关于赈灾来往函电》，《汕头赈灾善后办事处报告书》第1期，汕头赈灾善后办事处调查编辑部编印，1922年，第31页。

② 《汕头大风灾筹赈纪》，《申报》1922年8月18日。

③ 《汕头大风灾筹赈纪》，《申报》1922年8月18日。

表2－4　“汕头赈灾善后办事处”转发各界赈品

| 捐助单位 | 赈品 | | |
| --- | --- | --- | --- |
| | 食物 | 药品 | 其他 |
| 香港英政府 | 米367包 | — | — |
| 台湾当局 | 米1100包<br>糙米300包 | — | — |
| 旅沪广东潮汕风灾筹赈处 | — | — | 济众水6箱计3000瓶 |
| 香港潮州八邑商会 | 米3150包 | 消毒水5件、<br>药材7件 | 咸鱼10件　篷盖71件 |
| 香港东华医院、华商总会 | 三次共捐米<br>2129包 | — | — |
| 香港敦厚堂 | 饼干35件 | — | — |
| 广州省躬草堂 | — | 药材32件 | — |
| 益寿善堂 | — | — | 菩提露10打 |
| 企公牛乳公司 | — | — | 牛乳15件共720罐 |
| 广州和平公司 | — | 仁丹14盒 | — |

资料来源：《赈灾事务报告摘要》，《汕头赈灾善后办事处报告书》第1期，汕头赈灾善后办事处调查编辑部编印，1922年，第8—12页；《汕头赈灾善后处之组织及议案》，《汕头赈灾善后办事处报告书》第1期，汕头赈灾善后办事处调查编辑部编印，1922年，第5—10页。

注：1. 捐助赈品个人，未列入表。

2. “汕头赈灾善后办事处”所购白米，未列入表。

由汕头赈灾善后办事处转发各界的赈品如表2－4所示。从该表可见，赈品的捐助主体主要来自香港各界和当地一些善堂、公司，这主要是因为潮汕地区与香港一衣带水，占有地理上的优势，且交通便利。捐资主体中，香港潮州八邑商会、香港东华医院、华商总会协助尤力；捐助赈品的种类也很多，有米、

饼干等食物，以及药材、救济水、牛乳等。尽管汕头赈灾善后办事处在其中的主要职责为代收发赈品，并未出资购买，但在赈品的筹募和转发过程中仍然起了不可或缺的作用。

# 第三章

# 灾后民间社会力量的救助

本章所用“民间”一词主要是指国内一些团体组织或个人，主要包括善堂、会馆等传统组织、中国红十字会等新兴慈善机构，以及绅商团体、新闻界等新兴社会力量。民间力量在此次灾荒救济中得到彰显，发挥了不可替代的作用，其赈灾措施有力地弥补了官方之不足，甚至在很大程度上成为救灾的主体力量。

## 第一节　传统公益组织的救灾活动

19 世纪 70 年代后期义赈组织产生，主要是依靠传统的会馆、公所和善堂等。20 世纪初，这些传统公益组织仍然存在，并继续在社会公益事业中发挥作用。

### 一　同乡组织

八二风灾发生后，分布于全国各地的潮汕同乡组织在得知家乡突发灾变后立即开展援助活动。各地会馆、公所等传统公益组织相继组设筹赈处或义赈会，如“潮州旅省筹赈处”“旅沪

筹赈处”“北京广东潮汕义赈会”“汉口筹办风灾义赈会”，等等。

同乡组织筹赈家乡风灾，上海潮州会馆的作用最具典型性。上海潮州会馆又称旅沪潮州会馆，是潮州地区各县旅沪商帮议事、办事的机构，也是承担同乡互助事业及协商处理同乡团体的内外事务、代表同乡商帮利益的核心机构。上海潮州会馆由潮州旅沪同乡捐资组织，成立于清嘉庆十五年（1810）四月，“致力于公益事业、慈善事业，赈济灾荒成为其主要任务之一”①，而从事家乡灾荒赈济是其重要职责，以“办理同乡公益及慈善事宜为宗旨”②。1913—1948 年，上海潮州会馆曾组织数十次援助潮汕灾民的大型筹资救灾活动。

1922 年 8 月 9 日，上海潮州会馆接到香港潮州商会发来的函电：“汕头埠发生强大风灾，人民生命财产损失甚巨，请火速筹款救灾”。当日下午 3 时，旅沪潮州人士即在上海潮州会馆大厅召开紧急董事会议，商议救灾事宜。该次会议当即决定“先汇汕五千元，赶办急赈”。10 日晚，“再开大会、续筹赈款、汇汕接济”③。上海潮州会馆并决定组建旅沪广东潮汕风灾筹赈处，组织上海潮商捐资捐物，以及联合海内外潮商会馆力量协力救灾。该筹赈处工作人员具体分工如下：办事处主任郭子彬、郑建明；财政负责人陈星帆、郭竹樵、郑培

---

① 郭绪印编著：《老上海的同乡团体》，文汇出版社 2003 年版，第 169 页。

② 张更义：《最富是潮商：华商第一族群发达模式解密》，广东人民出版社 2005 年版，第 257 页。

③ 《汕头风灾之筹赈声》，《申报》1922 年 8 月 11 日。

之、李楚南；交际处周洛轩、高实之、黄赞民、林焦文、张淑铭，以及捐款员郭硕明、吴资生、朱允秋、张秋铭、马义臣、杨少君、吴仲谋、许作总等21人；书记李狄克、黄照峰、陈伯川。[①]

旅沪广东潮汕风灾筹赈处成立后，立即在《申报》上刊登乞赈启事："本会据潮汕救灾处来电声称，八月二号晚潮汕飓风暴作，初则巨火延烧房屋，倒塌不可胜数，忽潮水暴涨丈余，人民被水淹毙伤亡已逾十余万，覆舟不计其数，尸横遍野，无柩可敛，生存负伤老幼流离失所……本会同人桑梓痛切责无旁贷，义不容辞，兹于八月十日在法租界洋行街潮州会馆，组织募赈办事处，公推职员急募赈款，以救灾民早日出险……中外善士闺阁名媛慨解仁囊，襄兹义举则感荷，大德多多益善。"[②]在其动员下，上海各界纷纷慷慨解囊。对于上海各界的热心捐助，旅沪广东潮汕风灾筹赈处先后多次于《申报》刊登诸大善士芳名以表敬谢。团体捐款如《广东潮汕风灾筹赈处敬谢南洋兄弟烟草公司慨助赈款一万元》[③]《广东潮汕风灾筹赈处敬谢粤侨商联合会同人捐洋一千四百六十九元六角》[④]《广东潮汕风灾

---

① 林济：《潮商史略》（商史卷），华文出版社2008年版，第256页。

② 《广东潮汕风灾筹赈处乞赈启事》，《申报》1922年9月1日。

③ 《广东潮汕风灾筹赈处敬谢南洋兄弟烟草公司慨助赈款一万元》，《申报》1922年9月1日。

④ 《广东潮汕风灾筹赈处敬谢粤侨商联合会同人捐洋一千四百六十九元六角》，《申报》1922年9月17日。

筹赈处敬谢上海济生会慨助赈款洋一千元》[1]《广东潮汕风灾筹赈处敬谢江永轮船同人诸大善士慨助赈款洋五百元》[2]《广东潮汕风灾筹赈处敬谢旅沪广东慈善会拨助赈款六千零九十八两九钱三分四厘》[3] 等。

广肇公所在闻讯潮汕风灾后积极采取行动："汕头此次风灾，情形极惨，昨日广肇公所特开会议，由该公所捐洋二千元。复将旅沪广东慈善会现存前甲寅乙卯两年水灾捐款内银五千余两，扫数拨送潮州会馆，汇汕赈济"，该公所并"推举冯少山、唐耐修、陈泽民三君与潮州会馆接洽劝捐事宜"[4]。粤侨商业联合会会长陈炳谦、梁纶卿、黄式如暨各会员，"鉴于潮汕风水重灾，死人无算，屋宇倒塌，生者流离失所，饥不得食"，于 8 月 13 日迅速召开大会，到会者有 200 余人，共同筹议放赈事宜。"考虑到灾区赈款紧缺，议决先由该会垫捐洋 5000 元，送交潮州会馆，转解灾区散赈"[5]。上海本埠济生会在予闻汕头噩耗后，也立即召开董事会，磋商救济方法与施救手续，经议决："一面派人先与本埠汕头著名绅商接洽，筹募款项，并询详细情形，报告董事会，一面预备杂粮、医药等一切应用品物。一俟布置完全，立即派人前往施

---

① 《广东潮汕风灾筹赈处敬谢上海济生会慨助赈款洋一千元》，《申报》1922 年 8 月 31 日。

② 《广东潮汕风灾筹赈处敬谢江永轮船同人诸大善士慨助赈款洋五百元》，《申报》1922 年 9 月 5 日。

③ 《广东潮汕风灾筹赈处敬谢旅沪广东慈善会拨助赈款六千零九十八两九钱三分四厘》，《申报》1922 年 9 月 10 日。

④ 《汕头风灾之筹赈声》，《申报》1922 年 8 月 14 日。

⑤ 《汕头风灾之筹赈声》，《申报》1922 年 8 月 14 日。

救。"① 上海钱业公会开会公决："救灾恤邻，义所应有，当经到会员踊跃认捐，其未到会者，公推陈梅伯、冯寿康、朱鸿昌、徐凤鸣四君分投劝募，所有各庄捐款，即暂存信成庄，俟齐集函送，并由会函知郑干庭、郭协圃二君接洽。"②

8月14日，旅沪广东潮汕风灾筹赈处报告云："旅沪潮商筹赈潮汕灾黎，昨又续捐款项。其中，郭乐轩君加捐洋五百元，陈在利捐洋二千元，郭朴如君捐洋一千五百元，无名氏善士捐洋一千元，鸿泰公记捐洋二千元，郭永余捐洋一千五百元，郭乎生君捐洋一千元，郭煜盛捐洋一千五百元，怡成捐洋一千五百元，郑义兴捐洋一千元，和记捐洋五百元，不书名善士捐洋五百元，范裕记捐洋五百元，信记捐洋一千元，郑友松君捐洋二千元，郑宝泰号捐洋三千元，天和号捐洋一千元，郭玉安君捐洋一千五百元，潮商公会捐洋一千元，陈青峰君捐洋一千元，郑美泰捐洋一百元，德裕号捐洋一百元，德发祥捐洋五十元，荣康号捐洋十元，陈梅伯陈宫榜捐洋一百元，信成庄捐洋五百元，鸿丰庄捐洋五百元，益大庄捐洋五百元，大成庄捐洋五百元，茂丰庄捐洋五百元，润余庄捐洋五百元，祥裕庄捐洋五百元，益丰庄捐洋五百元，鼎盛庄捐洋五百元，干元德记助洋五百元，胡楚卿君捐洋一百元，隐名氏助洋二百元，公兴海记助洋四十元，郑季生捐洋五十元，戴茂林捐洋五元，梁松邦捐洋

① 《汕头风灾之筹赈声》，《申报》1922年8月11日。

② 邹晓升编选：《上海钱业及钱业公会》，上海远东出版社2017年版，第35页。

三元，江春浦君捐洋五十元。”[①] 对于善人善举，旅沪广东潮汕风灾筹赈处多次通过报刊刊登敬谢文，如《旅沪广东潮汕风灾筹赈处敬谢郭柏如先生筵资助赈洋二百元》[②]《旅沪广东潮汕风灾筹赈处敬谢中国济生会经募赵福田先生慨助赈款洋二百元》《旅沪广东潮汕风灾筹赈处敬谢涵雅主人荣寿筵资助赈五百元》《旅沪广东潮汕风灾筹赈处敬谢程椿大善士祈病速痊慨助赈款洋二百元》[③]《旅沪广东潮汕风灾筹赈处敬谢简照南先生捐助赈款五百元》[④]，等等。一方面表示感谢，另一方面也为吸引更多的社会力量参与救灾。从敬谢广告可见，团体和个人捐款数目多少不等，多则几百元，少则几十元、几元。其捐款大多是出于人道主义，而有些个人捐款除此之外还带上些民间传统思想，即积德行善以乞神灵保佑降福消灾。其中，个人捐款很大一部分是通过节省筵资而来，捐献者希望通过此种慈善方式为妻儿、亲友造福。如《旅沪广东潮汕风灾筹赈处敬谢程椿大善士祈病速痊慨助赈款洋二百元》中即称：“先生文孙弥月，承诸亲友惠赠隆义……本拟设筵酬谢，因念潮汕飓风为灾，急待赈救，特

---

① 《汕头风灾之筹赈声》，《申报》1922 年 8 月 14 日。

② 《旅沪广东潮汕风灾筹赈处敬谢郭柏如先生筵资助赈洋二百元》，《申报》1922 年 9 月 3 日。

③ 《旅沪广东潮汕风灾筹赈处敬谢中国济生会经募赵福田先生慨助赈款洋二百元》《旅沪广东潮汕风灾筹赈处敬谢涵雅主人荣寿筵资助赈五百元》《旅沪广东潮汕风灾筹赈处敬谢程椿大善士祈病速痊慨助赈款洋二百元》，《申报》1922 年 8 月 28 日。

④ 《旅沪广东潮汕风灾筹赈处敬谢简照南先生捐助赈款五百元》，《申报》1922 年 9 月 27 日。

将筵资洋五百元移赈汕灾，为诸亲友造福。”①

上海各界救助八二风灾，形式多样。上海潮州戏剧班在听闻潮汕飓风灾后，即商请“中一枝香”班排演灾情惨剧，得到班主李栋臣赞许。该班还排演拿手杰作，发售助赈券，特于8月18日夜上演，并与新发公司等联合，一切收入，全部捐充赈济。新发公司蔡国义、蔡鸿光、史梦麟、郑正秋在《潮州戏连本助赈》中称：

> 惨矣哉！潮汕风灾之烈也。风之所至，水又随之，顶为灭而屋为倾者，不可以数计。益以电线吹断，电流杀人，至于尸横遍野、疫气熏蒸。今也一角水半元值，米与薪无论矣！无男女，无老幼，不饿死，亦将渴死，不渴死，亦将瘟死。如此浩劫，千古未闻。国义等念救灾如杀火，即商请中一枝香班排演拿手杰作，发售助赈戏券。业蒙班主李君栋臣赞许，特定于今夜实行演唱，并议定连前后台以及新发公司，三方面一切开销，悉数捐充赈济。一俟戏资收齐，即行开列清单，连款一并送交潮汕风灾筹赈处核收。一切详情再由正秋当场演说。倘蒙诸公玉成善举，功德无量，功德无量！②

① 《旅沪广东潮汕风灾筹赈处敬谢程椿大善士祈病速痊慨助赈款洋二百元》，《申报》1922年8月28日。

② 林杰祥编：《潮汕戏剧文献史料汇编》，暨南大学出版社2018年版，第117页。

当晚，中一枝香班演出了剧目《花田错》。[①]

旅沪潮州学生会亦通过演戏募集赈款，“爰于十九二十日，假座汕头路笑舞台，演剧筹赈，除请潮音歌剧中一枝香班排演拿手好戏外，再由该会学生插演‘人道底声音’一剧，并有游艺多种、以助余兴”，所筹取的赈款为数不少，在与汕头赈灾善后办事处洽议之后，将所筹巨款总交上海宏发号汇交赈灾处，用以赈办善后。[②]

在南京下关，诸多同乡善士开展汕头风灾筹赈游艺大会，以筹集赈款。《申报》刊登了《南京下关筹赈汕头风灾游艺大会乞赈启事》：“汕灾惨重，中外震慑，同人特假南京下关花园饭店开游艺大会，准期阴历七月廿五、廿六两日开演，内容丰富、光怪陆离，既开眼界，又可赈灾。”[③] 9月20日，《申报》刊登了下关“汕头风灾筹赈游艺大会”实况：游艺大会“已于十六七两日举行，连日天朗气清，赴会者人山人海，警察厅特派军乐队到场助兴，秩序整肃，各干事及男女学生卖物，枵腹从公，毫无倦态。游艺中如武术团诸大力士，演习技击，青年会国乐双簧，百代公司灾区影片，俱极可观，鼓掌之声不绝，来宾参观者，颇为满足，共售出入场券七千余张。男江宁道院韩永清捐助大洋五百元，商余同人捐助大洋五百元，陶庐同人捐助一

---

① 林杰祥编：《潮汕戏剧文献史料汇编》，暨南大学出版社2018年版，第119页。

② 《关于赈灾来往函电》，《汕头赈灾善后办事处报告书》第1期，汕头赈灾善后办事处调查编辑部编印，1922年，第40页；《汕头风灾之筹赈声》，《申报》1922年8月16日。

③ 《南京下关筹赈汕头风灾游艺大会乞赈启事》，《申报》1922年9月10日。

百五十元，严孟繁捐助大洋一百元，庄瑞伍捐助大洋五十元，萧稚泉捐助大洋五元，吴仲炎民五公债票二十五元，周云甫民五公债票十五元，又戏院内乐善堂包厢大洋二百元，广东同乡会包厢大洋二百元，潮帮万丰庄包厢大洋二百元，煤业公会包厢大洋二百元，潮汕同乡包厢二百元，南洋兄弟烟草公司包厢大洋二百元，统计收入不下万元，不日汇集总数，汇交潮汕筹赈处，赶往灾区散放矣。”①

也有不捐款而捐献书画再出售者。如政学名流康有为先生即在上海减价鬻书百幅助赈。《申报》之《康南海先生减价鬻书百幅助赈》小启云：“潮汕奇灾，伤心惨目，康南海先生垂念灾黎，关怀施济，减价鬻书百幅助赈，有求书者照润笔例折减半价，送至法租界洋行街潮汕赈灾处，隔日领字可也。”对于减价折实润例，也有具体的说明：“楹联四尺十元，每加一尺加一元；中堂四尺十二元、三尺六元，每加一尺加一元；琴条三尺五元，每加一尺加一元；小横额三尺五元，每加一尺加一元。书上款者加一倍。”② 此外，于右任、谭祖云等著名书法家也捐献书法，以助潮汕风灾之赈济。而书画家朱念祖、杨白民等也不吝挥毫泼墨，作书画捐献助赈。

此次捐募赈款，上海诸团体慷慨解囊，并打破了同乡界限。捐募的诸团体主要有：“上海钱业公所、仁谷堂、糖业点春堂、上海山东会馆、上海泉漳会馆、上海华商杂粮公会、上海华侨

① 《汕头风灾筹赈游艺大会实况》，《申报》1922年9月20日。
② 《康南海先生减价鬻书百幅助赈》，《申报》1922年8月25日。

联合会、上海棉纱业公会、上海面粉公会、上海纱业公会、上海华商纱厂联合会、上海杂粮交易所、上海广肇公所、上海侨商联合会、上海广帮水果业联益堂、旅沪嘉应同乡会、大埔旅沪同乡会、旅沪潮糖杂货业联合会、上海当业公所、上海押当公所、鸿裕纱厂、纬同纱厂。”而上述22团体之中，属于潮州同乡团体的只有旅沪潮糖杂货业联合会、鸿裕纱厂和纬同纱厂。与潮汕同乡团体有牵连的也仅有上海广肇公所、上海侨商联合会、上海广帮水果业联益堂、旅沪嘉应同乡会、大埔旅沪同乡会等7所。因而参加捐助救济潮汕风灾的团体大部分没有同乡关系，捐募诸公团打破了同乡界限。各种形式的募捐，共募集大洋259098.215元。此外还有捐助药品者，多捐助数千瓶、数十包不等。①

对于募集来的捐款，旅沪广东潮汕风灾筹赈处公举驻汕八代表协同汕头赈灾善后办事处，酌度各处灾情轻重后，分别拨赈。会馆并致电陈炯明，恳请取消各县筹饷，以恤灾黎。《潮州会馆史话》记载：

> 8月20日，上海潮州会馆急电汕头陈炯明总司令，希望取消向各县摊派军饷杂税。
>
> 8月23日，会馆将各商号筹集到的捐资大洋6万元分汇给各县救灾处：澄海3万元，潮阳1万元，饶平1万元，

① 郭绪印：《老上海的同乡团体》，文汇出版社2003年版，第173页。

南澳5000元，普宁5000元。另增加给汕头存心社1万元。

9月4日，会馆专门召开会议讨论赈灾问题，决定：拨助汕头福音医院1万元，作医药救灾急用。至于灾区婴孩男女，电函告知汕头存心社调查此次受灾中，凡孤儿不论男女，10岁以内，以及残废孤寡无依靠者，每月每人给3元。所有款项由上海潮州会馆赈灾处资助。即日由轮船运去赈灾男人衣服5000件，女人衣服3000件，小孩衣服2000件。衣服由汕头存心社酌情分发救灾。

9月7日，汕头存心社致电上海潮州会馆，报告所托调查受灾儿童情况。难婴736名，残废男女2573名。当天，上海潮州会馆全体董事决议电告存心社：1岁至5岁难婴每月给2元，6岁至10岁者每月给1元，残废男女婴给抚养费，轻者每月给3元，重者每月给5元。所付大洋均从阴历八月初一发给，至1923年12月底止。先汇15000元，赶制棉衣2600件、小男孩棉衣750件。

9月27日，潮州会馆17期会议，议决再汇大洋5000元，请汕头郭嘉元商号转交揭阳救灾公所散放。再赶制棉被4000条，由沪赞助制成，急运往汕头救灾公所，以救灾黎。①

上海市档案馆也有相关记载：9月4日，通过汕头驻汕八代

① 以上参见周昭京《潮州会馆史话》，上海古籍出版社1995年版，第30页。

表函电得知各灾区详情后，上海潮州会馆第14期董事会议议决如下：

> 一、议决拨助汕头福音医院经费洋一万元。
>
> 二、议决定制灾民衣服一万套，交汕头存心善堂分拨灾区收用：计男人衣服五千件，女人衣服三千件，小孩衣服两千件。
>
> 三、议决拨付晋宁助赈洋三千元，交由汕头八代表转致。
>
> 四、议决函致存心善堂详述收养灾童，凡关于建设地方雇看护人以及定制衣服需用经费若干，来信说明，本筹赈处自当担任。
>
> 五、议决致八代表函称，本筹赈处所议拨付汕福音医院经费一万元，当即电汇，祈速转交。
>
> 六、议决致南澳县函，拨付赈款五千元，汇汕交由八代表转致，此款专为赈济灾民急需，不能移作修理衙署之用。

潮州会馆热心桑梓，不但提供赈款、医药、棉衣棉被，还关注家乡的善后建设。对于家乡灾区的墓地修建费用，鉴于当时赈款紧缺，9月10日，潮州会馆15期会议议决向汕头慈善团存心社拨交原本用来购买棉衣的费用，总计大洋12500元，以解燃眉之急。

为修建在风灾中受损的堤围，1923年1月7日，潮州会馆第22期会议议决："风灾善后修堤以防水患，自应分别资助，以期其成。"对于风灾善后修堤，各处分别拨款：潮安北堤拨助8000元；韩江南堤拨助8000元；韩江东津各堤拨助2000元；潮安意溪各段堤围拨助2000元；潮安意溪黄竹洋各堤拨助2000元；潮安意溪鹿山乡各堤拨助1500元；潮安南桂张林州乡拨助2500元；澄海外埔乡各堤拨助1500元；饶平隆都堤围拨助2000元；黄岗各处堤围拨助3000元；揭阳各处堤围拨助6500元；澄海救灾公所拨助3000元；澄海外砂公堤拨助6500元；林厝寮拨助500元；揭阳仙桥造桥公所拨助500元。以上共计助洋汇兑51000元。①

上海潮州会馆的赈灾事迹刊印于《壬戌潮汕风灾赈款进支征信录》，其《缘起》记载了上海潮州会馆赈灾的主要活动：

> 壬戌之秋，潮汕风灾。空前浩劫，于斯一见。同人等设筹赈处于沪上，荷蒙各界善士大解仁囊，捐资助赈。得款至二十余万之巨，杨枝甘露滴滴皆春。计自赈务开办以来，约分三项办法。风灾一至，尸骸枕藉，死者堪怜，生者无告，哀鸿遍野，归燕寻巢。急为之施粟米、给棉衣、搭盖茅棚，稍谋安集，一般老弱残废，尤转徙流离中之苦而又苦者，除酌量周恤外，再请医生分往各处灾区诊给医

① 以上参见《潮州会馆议案备查》，上海市档案馆，档案号：Q118－9－8。

药。此第一次赈灾临时办法也。

经狂风怒潮之播荡，所至乡村，其堤岸有全行崩塌者，有仅流崩隙者。全行崩塌之堤岸，固当助款速行修筑。其仅流崩隙者，虽目前未受其患，尤虑春潮一至，遂成泽国。则据各处堤局之报告，派员前往当地相度情形，酌助经费。该款分期交付，以期事有成功。此第二次赈灾善后办法也。

地经巨劫骸骨盈野，生者虽获枝栖之所，死者亦以归土为安，则义冢不容不设也。爰于赈灾款项下，提出一万八千元，购地一片，营筑义冢。请汕头存心善堂联络经理其事。俾此次灾民合存殁而各得其所。此第三次赈灾善后办法也。

……当敝筹赈处创设之初，本埠各界仁人善士热心捐助，二十余万之巨款，数日间而备集。更有远道乡人，青年男女，亲自携款投交，或百元以至十元数元不等……今者赈务结束，合将进支赈目刊征信录一编敬呈公览而并志其缘起于此。是为序。

中华民国十二年十二月谷旦

正、副主任郭子彬、郑建明谨布①

从《征信录》可以看出，上海潮州会馆的救灾措施可谓面面俱到，在很大程度上为灾区民众疏解了灾区苦难，解决了灾

① 《壬戌潮汕风灾赈款进支征信录》，上海市博物馆资0417（257）。

区赈款紧张等诸多问题，其热心赈灾精神令世人敬仰。

其他各地的同乡组织，如北京广东潮汕义赈会、潮州旅省筹赈处、福州广东会馆筹赈处、旅沪筹赈处、汉口筹办风灾义赈会等也相继组设。

北京广东潮汕义赈会为筹赈家乡风灾做了诸多努力。8月19日，旅京粤人在南横街粤东会馆开会，筹议赈救办法。《京报》记载："到会者有杨永泰、林绍斐、罗文干、陈垣、徐传霖、曾习维、吴实因等二百余人，于下午二时开议。公推杨永泰为主席，首由黄锡铃报告开会理由，方汝舟报告灾情始末。次主席提议，略谓此次灾情之大，不独为潮汕问题，即视为广东问题，中国问题，人类问题，亦无不可，且在外人如香港政府，尚深表同情，拯救惟恐不及，我国人更不宜漠视，被发缨冠，义难推却，深望诸位各尽心力，速筹办法，并主张（一）先调查被灾详情，在京中宣传，以引起人之注意。（二）呈请政府拨款拯灾。（三）应即设立办赈机关，以专责任。（四）现待赈孔亟，万难少待。应设法请税务司以西南应得之关余，酌拨一部分，用作抵押，向中外银行借款，以济眉急。众均赞成。"会议并公推罗文干、杨永泰、林绍斐、黄锡铃、陈垣、姚梓芳等为代表，向府院呈请拨款。同时起草了会章，筹备北京广东潮汕义赈会事宜。[1] 对于"呈请政府拨款拯灾"事宜，《潮海关史事丛考》对此有记载：民国十一年（1922）九月，

① 《旅京粤人筹赈忙》，《京报》1922年8月20日。

旅京广东潮汕义赈会会长、副会长王宠惠、罗文干、杨永泰函电内务部"关于潮汕风灾，就潮海关进出口货附加一成赈捐一案，请会商财政部税务处，将开放附捐日期迅予酌定，电汕头税务司知照以便开放由"。同年十月，署内务部总长孙丹林、财政部总长罗文干咨文，"据旅京广东潮汕义赈会呈请，就广东全省海、常各关进口货物一律附办赈捐一成，一年为期等语，所请自应照准，请即商取使团同意办理由"[①]。北京广东潮汕义赈会在向汕头赈灾善后办事处发出的函电中称："此次潮汕奇灾，亘古未有，同人等怆怀桑梓，痛悼殊深。迭经开会集议，组织旅京广东潮汕义赈会，并推举职员通过简章，即日开始办事，具呈政府晋谒元首，请明令拨款赈恤，并捐款提倡指拨关余各节业奉"，该会除设法向财政部催领拨款，"另行汇汕"外，还进行其他募集捐款活动。[②] 此外，自9月12日起广东潮汕义赈会开始发送捐册募捐，多次于《京报》《晨报》《北京晚报》等报刊登《旅京广东潮汕义赈会启事》筹赈启事及敬谢。其启事称："汇收满五百元，即行汇汕散赈以拯灾黎。"[③] 11月19日，《晨报》之《旅京广东潮汕义赈会敬谢》称："黎元洪总统也捐洋一千五百元，陕西刘督军捐洋一千元，赈务处拨款洋一万元。"[④]

---

① 周修东：《潮海关史事丛考》，中国海关出版社2013年版，第179页。

② 《关于赈灾来往函电》，《汕头赈灾善后办事处报告书》第1期，汕头赈灾善后办事处调查编辑部编印，1922年，第26页。

③ 《旅京广东潮汕义赈会启事》，《北京晚报》1922年9月13日。

④ 《旅京广东潮汕义赈会敬谢》，《晨报》1922年11月19日。

此外，福州广东会馆在接到驻汕该馆公司集成昌记的报灾函后，也立刻“邀请同志数潮人，驰赴旅闽广东会馆总理曾云舫先生处，请其敬邀董值事诸君开会筹赈”[①]，并将潮汕灾区受灾惨状印刷多册，分派人员广为散发劝赈。对于劝募款项，该会馆致函汕头赈灾善后办事处要求接洽，以便使赈款早日汇往汕头灾区。[②] 旅省同人在获闻潮汕风灾后，于8月9日在八邑会馆成立筹赈潮汕风灾办事处，并“举定成员，分途劝募”[③]。8月26日，汕头赈灾善后办事处复函潮州旅省筹赈处称，“十七日汇来毫洋五千元，十九日汇来毫洋三千二百元，廿一日汇来毫洋二千元，廿三日汇来毫洋二千元，共计毫洋一万二千二百元”[④]。汉口潮州会馆召集武汉同乡发起义赈会，“四处募捐，勉施救济”，15日并将其捐款由工商银行转香八邑商会转交汕存心善堂，共有直银5000元。[⑤] 其他会馆，如芜湖潮州会馆、牛庄潮州会馆、烟台潮州会馆、天津潮州会馆、镇江潮州会馆、北京丞相胡同潮州会馆等，均各尽所能，给予协助。

---

① 《关于赈灾来往函电》，《汕头赈灾善后办事处报告书》第1期，汕头赈灾善后办事处调查编辑部编印，1922年，第20—21页。

② 《关于赈灾来往函电》，《汕头赈灾善后办事处报告书》第1期，汕头赈灾善后办事处调查编辑部编印，1922年，第20—21页。

③ 《关于赈灾来往函电》，《汕头赈灾善后办事处报告书》第1期，汕头赈灾善后办事处调查编辑部编印，1922年，第19页。

④ 《关于赈灾来往函电》，《汕头赈灾善后办事处报告书》第1期，汕头赈灾善后办事处调查编辑部编印，1922年，第42页。

⑤ 《关于赈灾来往函电》，《汕头赈灾善后办事处报告书》第1期，汕头赈灾善后办事处调查编辑部编印，1922年，第15页。

## 二　善堂

历史上的善堂多以收尸殓葬为日常工作，到民国时期已经发展成为综合性的民间救助的慈善机构，除收尸殓葬外，还包括施医赠药、救死扶伤、赈灾恤难等。风灾发生后，汕头存心善堂、同济善堂，潮安有德、杏苑、永德、福莲等几十个善堂，驰赴灾区各地，收敛死尸。作为一种民间自发筹办的慈善机构，善堂在抗灾赈灾中起到了不可替代的作用。

香港8月8日电称："汕头驻港商务分会发出一通告，内称汕头此次大风灾，已查获尸身二万八千具，现各慈善会社正竭力妥为埋葬。"[①] 成立于1899年的汕头存心善堂是施救的主力军之一。天灾面前，汕头存心善堂全面投入灾后救治工作。据《申报》记载：灾发后"存心善堂已派多人，沿向各处施救，死者殓之，伤者医之"。截至8月13日，存心善堂报告称："已收埋及查悉之死尸，已有二千七百余具。"初始，存心善堂对所收的死尸还照常进行洗涤换衣，并用棺木埋葬，后因死尸太多，而棺木又非常缺乏，只能用草席包裹，垫上床板，一律随收随葬。存心善堂办理灾余善后工作达4个多月，赈济的灾区遍布澄海、揭阳、惠来、南澳等地，包括一些偏远的乡村，受赈人数百万余。《存心堂务》对此记载道："本善堂以潮汕罹此空前浩劫，悲天悯人，特发动大规模赈灾。善堂

---

① 《汕头风灾之惨状》，《益世报》1922年8月10日。

先后捞获男女尸骸共达1300余具。灾况之惨烈可知，当时哀鸿遍野，存心善堂办理灾余善后工作，凡四月之久，赈济灾区，普及澄海、揭阳、惠来、南澳等腹地偏远乡村，赈济灾区计百余乡村，受赈百万余人。”① 存心善堂的行动感动了当地人，很多幸存者自愿请求加入该善堂协助掩埋尸体，《申报》称“至该善堂报名请往收埋者，亦达千数百号，余尚调查未明”②。同时，该善堂还向灾区捐款捐物，据“澄海外埔乡修堤纪念碑碑记”记载：“汕头存心善堂助直银一千九百元，又米一百包”，虽杯水车薪，但足显其救灾热诚。③

对于汕头存心善堂的热心救助，《大公报》留有溢美之词曰：“此次天灾，汕头存心善堂诚敬善社之收尸，极为勇敢敏捷，虽至可骇之尸身，其家人且不敢近者，亦必为之整理收好，可谓难得。”④ 黎元洪总统赈灾特使赖禧国得知存心善堂的善举之后，十分赞许，于1922年12月4日特意到存心善堂视察慰问，并同社友在善堂前合影留念。当前，潮汕地区的很多善堂都成立于1922年后，这与八二风灾之社会救助不无关系。可以说，救助八二风灾直接推动了潮汕善堂文化的发展。

潮安各大善堂收埋遇难者尸体的工作解决了灾后最棘手的问题，同样为人称道。正如上文所述，对于收埋尸体，时人多持畏惧心态，不愿从事此种工作。如在樟林乡，“十二日应用各

① 陈若苹主编：《存心堂务》，汕头市存心善堂2014年印，第127页。
② 以上参见《汕头风灾之大惨剧》，《申报》1922年8月13日。
③ 《澄海外埔乡修堤纪念碑碑记》。
④ 《汕头飓风为灾情形详志》，《大公报》1922年9月6日。

物筹备完竣，即分头向各乡雇工，殊应者寥寥。因知此等收尸之事，乡人尚未做过。遂派郑君照衙，郑君奕珍，乘实大小轮，驰往潮安请各善堂专司其事。惟当善堂未至之前，又不能停尸以待，乃向碧沙、西浦、隆城等乡雇工应用，惟此等工人，亦多系恐惧不前，故收尸之事，初时甚觉迟滞”。然“幸有德善堂，应请而至，继而福莲、杏苑、永德各善堂，亦闻义而来，收尸之事，至此略有条理”①。善堂的到来解决了这一棘手的问题。在收尸过程中，各善堂均不辞劳苦，见义勇为，视同己任。他们聚集人力，自备收尸工具和费用，由集安善堂领队，广济、寿明等20个善堂先后赶赴外埠收埋死尸。各善堂堂员出于救灾热情，忘记个人辛苦安危，冒着酷暑天气和可能受疫病传染的危险，用大蒜头塞鼻，将水里腐臭难闻的浮尸用席裹住抬上岸掩埋。由于尸骸遍野，逾月腐烂，收埋工作备极艰辛，耗费了大批的人力。历经一月有余，收埋工作始毕。②

这种急公好义的精神受到时人赞扬，樟林人对这些善堂之义举感激不已：“此次风灾，各社积尸数千。潮安慈善团体，除有德善堂最先来樟外，其余各善堂均先后来樟，咸皆奋勇殓尸。迨浮尸收楚，各善堂陆续返潮，仅存有德善堂留樟收埋（因压陷于倒屋之中，尚有数百尸）。至今将二十天，尸体非常腐臭，有德善员依然奋勇收敛，毫无半点畏倦之态（每天约收二十余

---

① 陈慎之：《樟林救灾善后公所之设立及办理经过之纪略》，1922年，第6页。

② 黄梅岑：《昔日旅潮会馆和书院》，政协潮州市文史资料征集编写委员会编《潮州文史资料》第8辑，1989年，第142—143页。

具）。若真不愧慈善为怀者矣。”①

同济善堂于8月13日也开始医治伤民。《申报》称：“同济善堂今日开始受医伤民，约有三十余人。”② 各大善堂勇于从事灾后最棘手的工作，使灾后的救治工作得以顺利开展，其奋勇精神难能可贵。

## 第二节　新兴慈善机构的救灾活动

1904—1949年是中国近代化的民间慈善组织成立、发展、成熟的时期。中国近代化的慈善组织以中国红十字会的诞生为标志。赈济灾荒是中国红十字会的“特色”服务领域。中国红十字会拯灾救饥，开端于晚清时期。然而，中国红十字会对灾害救济有自己的原则和条例，其总则第三条就明确规定：“中国红十字会遵循人道主义宗旨与自然灾害的救助工作，是政府救灾工作的补充，主要实施于急救阶段，除受政府或捐赠者的委托外，中国红十字会不承担灾后的修复和重建工作。”③ 因而，中国红十字会的赈灾工作基本上限于救急。民国北京政府时期，天灾人祸肆行，中国红十字会广泛参与自然灾害的救急工作，对潮汕八二风灾的赈济，即其中一例。

中国红十字会总办事处在八二风灾发生后立即做出反应。

---

① 许卓之：《八二惨记》，《樟林八二风灾特刊》，樟林救灾公所编，1922年，第6页。

② 《汕头风灾之大惨剧》，《申报》1922年8月13日。

③ 曲折主编：《中国红十字事业》，广东经济出版社1999年版，第302页。

据8月11日《申报》记载："汕头风灾之后，本埠美国红十字会及中国红十字会，因得该处乞援之电，即着手准备，遣派医士及看护等，前往该处救护被伤难民。兹闻该会筹备手续，业已完毕，今晚该会即有医士四人、看护六人，随带药品，首途前往香港，换船转赴汕头。缘现在沪汕间已无轮船直接开行，不得不行绕道。医士为德医卜斐斯多，华医郁平香、沈士炎，沪江大学恩德莱医士，看护则为斐斯德夫人，中国看护生四人，又西士看护一人。"① 鉴于潮汕风灾之后有时疫发生，上海红十字总会办事处先后两次派医队前往灾区助赈。8月12日，第一次派由医生郁廷襄、沈嗣贤，看护钱宝珍、刘宣辅、张一鸣、张永清、魏宝兴、陈国宝所组成的医队，携带多箱药品，由太古洋行给送船票，乘苏州轮首途前往灾区救人。② 但因"灾地甚广，灾民甚众，灾情甚重，所带药品，不敷应用"，26日，遂又再次加派救护队，以施兆堂为领队，携带药品数大箱，搭乘太古公司直放汕头之"新宁"号轮船，驶往灾区增援。③

在派医疗队前往灾区救助的同时，8月21日，红十字会上海总办事处电请北京政府就汕头海关附加赈捐一成，"以资挹注"。电云："北京大总统国务院钧鉴并分送税务处孙督办北京红十字会汪会长、蔡副会长鉴，汕头飓风为灾，全埠房屋倒塌

① 《汕头风灾之筹赈声》，《申报》1922年8月11日。
② 《汕头风灾之筹赈声》，《申报》1922年8月11日。
③ 《中国红十字会救护汕灾》，《申报》1922年8月26日。

伤毙人口三千有奇，潮属沿海乡村被水漂没，淹毙乡民约及十万，灾区广大，灾情奇重为历来所未有。该处现正筹办急赈，无如灾广费巨，募捐势成弩末，拟恳政府一视同仁，商明各国驻使援照直北加捐赈济成案，饬令总税务司先就汕头进口货物，附加一成赈捐，由潮汕关税司征收交汕埠筹赈绅商核实赈济，以救沈［沉］灾。谨为灾民九顿首以请。"①

红十字会总办事处的上述急电请求，对北京政府既是一种压力也是一种推力，国务院很快回电："所请附加税，已交内务部税务处核办矣。"9 月 16 日，上海《新闻报》刊登专电云："关税拨用附捐十万元，充汕头赈灾费，使团复部同意。"红十字会总办事处的请求得到了中央政府的支持，经内务部税务处核准，关税拨用附捐 10 万元作为汕头赈灾费。②

因灾广费巨，在请求官方赈灾的同时，中国红十字会还多次于《申报》刊登乞赈启事，动员各界力量捐款捐物，参与赈灾。8 月 10 日，《中国红十字会总办事处拯救潮汕风灾乞赈启事》称："本会据旅沪潮州八邑商会来电声称：八月二日晚，潮州飓风大作，巨火延烧房屋，倒塌数万间，平地水涨数丈余，人民死伤数万人，灾情之重为从来所未有。除已由敝会募集急赈外，请贵会火速劝捐汇汕办赈等情告急前来。又准美国红十字会秘书毕德辉君来会面述潮汕被灾情形，并筹商派人前往拯

① 《红会电请加税赈济汕灾》，《新闻报》1922 年 8 月 22 日。

② 池子华、崔龙健主编：《中国红十字运动史料选编》第 1 辑，合肥工业大学出版社 2014 年版，第 202 页。

救办法。查潮汕此次风灾，时在午夜，猝然而来，为人民所不及防，以致房屋倒塌数万，平地水涨数丈，人民死者数千，伤者万余。伤心惨目，言语难以形容，露宿风餐，饥溺胥资救济。本会责任所在，义不容辞，自应立派干员遴选医生（沪上如有医生看护愿尽义务前往办理者，请于即日到九江路二十六号本会接洽），驰往灾区，会同美国红十字会分别拯救施治，俾得早日出险而登衽席。务恳中外善士闺阁名媛慷解仁囊，襄兹义举则感荷大德，谨代潮汕灾黎九顿首以谢。"①

8月25日，又发乞赈启事："此次潮汕风灾，情形至为惨酷，本会派出医队驰往灾区救护，所有医生为郁延襄、沈嗣贤二人，看护为钱宝珍、刘宣辅、张永清、张一鸣等七人，已于本月十二日携带药品多箱，附太古公司苏州轮船起程前往拯救，借以仰副诸大善士胞物与己饥己溺之盛怀，惟是医队既经出发，伤者病者获庆更生，而经费所需为数至巨，无如本会点金乏术，源源接济，惟祈捐款频输，盖多得一金即可多活一命，早施一日即可早救一人，所望薄海内外仁人君子抚海谷之疮痍，拯斯民于水火，或节筵宴之资，或省游观之费，相与慨解谦囊，同襄义举，是则本会所馨香以祷，延颈以俟者已。如蒙惠赐请送二马路（即九江路）望平街口本会总办事处，掣取收据不误。"②

中国红十字会的乞赈启事一经刊登，立刻得到海内外慈善人士的高度关注。对于热心捐助的善士，中国红十字会刊报予以敬

① 《中国红十字会总办事处拯救潮汕风灾乞赈启事》，《申报》1922年8月10日。
② 《中国红十字会总办事处拯救潮汕风灾乞赈启事》，《申报》1922年8月25日。

谢。如《申报》载有《中国红十字会敬谢黎集云大善士捐助潮汕风灾洋五百元》《中国红十字会敬谢存心子经募慰记大善士捐助潮汕风灾洋一百元》《中国红十字会敬谢孙月三大善士捐助潮汕风灾洋三百元》《中国红十字会敬谢喜闻过斋大善士捐助潮汕风灾洋一百元》《中国红十字会敬谢周龙章君经募偷生氏蔡静记二大善士捐助潮汕风灾共洋二百元》《中国红十字会敬谢陈庸庵大善士捐助潮汕风灾洋二百元》《中国红十字会敬谢孔金声大善士捐助潮汕风灾洋一百元》《中国红十字会敬谢裘焜如君经募延年子大善士捐助潮汕安徽灾赈洋一百元》《中国红十字会敬谢鲍子丹大善士筵资助赈潮汕水灾洋一百元》《中国红十字会敬谢吴熙元孙贞道安定根经募韩国赤十字会捐助潮汕风灾洋一百元》《中国红十字会敬谢伍明和大善士捐助潮汕风灾洋一百元》《中国红十字会敬谢梅素贞大善士捐助潮汕风灾洋一百元》《中国红十字会敬谢刘觉隐大善士捐助潮汕风灾洋二百元》《中国红十字会敬谢李志先大善士捐助潮汕风灾洋一百元》《中国红十字会敬谢树德堂大善士捐助潮汕风灾洋一百元》《中国红十字会敬谢清慎堂曹大善士捐助潮汕风灾洋一百元》《中国红十字会敬谢无名氏大善士捐助潮汕风灾洋二百元》① 等众多敬谢广告。中国红十字会中人亦纷纷解囊，中国红十字会理事长庄录捐助潮汕风灾并经募洋三百元，“庄得之君捐洋二百元，上海商业盐业银行捐洋一百元”②。

---

① 以上参见《申报》1822 年 8 月 15、17、18、19、31 日，9 月 15、23 日。

② 《中国红十字会敬谢本会庄理事长捐助潮汕风灾并经募洋三百元》，《申报》1922 年 8 月 13 日。

中国红十字会救助潮汕八二风灾并非止于上述。中国红十字会南海分会、汕头分会、澄海分会、番禺分会在获闻潮汕灾情后，均积极参与。

作为灾发地之澄海分会（即岭东分会），灾发后义不容辞地投入赈灾事务中，协助尤力。灾后，澄海全埠断电，澄海分会当夜即冒险展开救护行动，对附近的受伤民众极力救护，并在分会内设一诊室，为难民提供救治安身之处。次日清晨，澄海分会理事黄作卿、医务长吴济民又迅速率领医队对澄海全埠进行巡逻，及时救治难民。这样的行动一直持续了5天，医治难民无数。而此间前来求救看诊的难民争先恐后，医院已经远远容纳不下。而同时分会也面临着经费和医生紧缺的难题，无奈之下，只能调回医长吴济民的内助侯祥清女士来会担任医务，经费由会长、理事长暂时维持，其他一切会务均由黄作卿理事负责。[①]《慈善近录》对此有详细记载："民国十一年八月二日入夜，飓风剧起，暴雨横流，铺屋倒塌，船艇漂陆，死亡枕藉，哀鸿遍地。耳闻目见，不寒而栗。诚亘古未有之奇殃，阖潮弥天之浩劫也。当灾警突至时，全埠电灯失光，莫明真相，救护方法，极难下手。迨夜深，本分会幸墙垣坚固，不至倒塌，爰督役冒险，就本分会附近铺屋倒塌、露天浸水之男女，极力救护。即将本分会看症房开辟，收纳安葬达旦。翌早，即由理事黄作卿、医务长吴济民率医队巡行全埠救伤，医治无数。三、四、五等日继之。旋接各灾区纷纷来函，报

① 《中国红十字会上海总办事处出发两次救护队救疗潮汕巨灾》，中国红十字会总办事处编《慈善近录》，1924年，第82页。

请派队救护，本分会即赶办医队出发。由队长颜钦洲、医长吴济民率队前往，按定报告灾区，挨次出发，以期救灾恤邻，不分畛域。而本分会医院，则匍匐求救，看诊争先，座为之满，朝夕无闲。虽本会经费无多，而同时灾区遍地待救，医生亦添聘末由，于是乃由医长吴济民之内助侯祥清女医士来会担任医务。除经费由会长、理事长维持一切外，会务皆由理事黄作卿擘画。奈灾情过重，施赠药品，求过于供，几尽力难为继。回想惨情，泪涔涔下矣。”

当然，灾区并非仅澄海一埠。在接到其他各灾区的纷纷来函后，队长颜钦洲与医长吴济民，立刻率队前往救灾。

第一次出发前往鮀江灾区。由分会医务队长颜钦洲、医长吴济民暨司药队士共20余人乘船至大井乡登岸，然后步行至鮀江区署。在详细了解当地受灾情形后，在该区医生的陪同下旋往鮀浦市，布置临时医所。“求救者纷至沓来”，共医治男女50余人；午后又至大场乡医治50余人；翌日至天港乡医治10余人；旋至大井乡医治30余人；越日又由大井乡过连塘乡医治50余人；最后至大场赖厝乡医治70余人，统共医治200余人。

第二次出发前往潮阳灾区。仍由前处赴潮阳灾区，至县署，与县长协商救济办法后，由县长派员引道前往附近灾区挨次救护（中路）。除沿海所救人数不计外，共救治各区男女290余人。

第三次出发前往外砂、莲阳等处。从潮阳区返回次日，医队即驰赴澄海外砂、莲阳等处。医队先至下蓬询得受灾实情，

与各报所称大约相同。随后医队前往外砂灾区，当地灾民之多，受伤之重，甚是骇人。“除年壮伤微尚可自行来医所受诊外”，对“有重伤困卧，而不能匍匐就医者，有重轻老弱而追医莫及者”，派队员“用布床前往病家移来医所一一按治”，共医治200余人。之后医队又来到莲阳等乡，按照前法救治乡民，共医治80余人。医队采用循环方法，在与各红十字分队的合作下，于东里区一带又医治150余人，总计430余人。

第四次出发前往潮安、东陇等处。应潮安、东陇等处留汕商民请求，医队驰往灾区救护，“即日沿途施医，越日过东陇地方，旋即往樟林乡设临时医所，以副灾民之望，逐日派医员分途赴东里区、南砂区一带，鸿沟乡、盐灶乡、鸿门区、井洲乡等处，统共医治男女279人”。

第五次出发前往鸥汀乡。鉴于灾广伤巨，上海中国红十字会总办事处又复派医队来汕。澄海分会医队又添聘队员，重新建立一医队，共十余人，由前队长辛子基担任领队，会同中国红十字会总会总办事处特派医员沈嗣贤等前往鸥汀乡，于辛氏大宗祠开办临时医所。之后又前往鮀江区一带重新救护，医治因灾被伤难民多人。

第六次再往鮀江区、大场乡等处救护。由于上海总办事处诸多特派员回沪，于是把两医队合一，仍由队长颜钦洲、医长吴济民与上海总办事处医员钱宝珍等人领队，重赴鮀江区、大场乡，开办临时诊所，并逐日派医员“循环巡医”。又派医员前往约六七里外的连塘乡救治，统计十余天医治数百人。

第七次再赴潮阳。上海红十字会医员沈宝珍自编一医队前赴潮阳，借住城东林氏洋楼开办临时医院，澄海分会派员帮忙。随着各地伤患的日渐减少，澄海分会会同上海总办事处医员议决将医队暂时收回至汕，另组医队进行巡视，以防止遗漏者。同时称："嗣后如有受灾重大村落尚须救护者，请该处父老即速函知，以便按址驰救，本分会决不惮劳。"①

南海分会在得知潮汕遭受风灾后，也立即组织医疗队前往灾区救护，"赠医施药以济灾民，而尽天职。所有经费全由会长谢仲良、财政总干事麦受鸿担任"。农历六月二十六日，南海分会派医务主任区慎之、队长张昌带领救护队员十余人乘坐轮船出发前往灾区。二十九日抵达潮汕后，"刻即会同救灾处各员前赴澄海各属赠医施药，沿途救活甚众"。只是灾民散处各地，"非择适中地点实难普及"，最后经与澄海县李知事商定后选择南洋杜芳宇公祠作为施救地点，于七月初一开设临时医院赠医施药，"远近来诊者日逾百数"。两个月以来，澄海分会共医愈灾民 5268 人。八月二十八日，该临时医院结束，将此次出发经费余款交付苏南区救灾分所代置棉衣派送，旋即回程。南海分会在灾区的救护之举，获得灾区民众赞誉。为表达对南海分会的感激之情，苏南区救灾分所、澄海县长李鉴渊、澄海救灾善后处向他们赠送了三方匾额：曰"活我灾黎"，曰"术可回天"，曰"慈航普济"。九月初四，南海分会返省后，"谨将匾

① 《中国红十字会总办事处会同澄海分会（即领东分会）救潮汕灾》，中国红十字会总办事处编《慈善近录》，1924 年，第 82—85 页。

额三方悬挂，以留纪念”。

在灾区的两个多月内，南海分会救治各症人数包括：消化器病 1620 人；呼吸器病 731 人；循环器病 325 人；生殖器病 93 人；眼耳鼻喉病 518 人；皮肤病 708 人；外科病 673 人；传染病 230 人；花柳病 160 人；脑系统病 120 人。统计医愈各症共 5268 人。[①]

汕头分会在得知潮汕风灾后，也“当即派第一、第二两医队分赴救护。所至各地，切实调查”。此次风灾中澄海县外砂一带受灾尤为严重，汕头分会于是立即前往该地创立临时医院，“以期伤病灾黎不至失医缺药，以符本会博爱救伤宗旨”。该临时医院于 10 月 28 日结束，创立一个多月来，救治效果显著，“伤病灾黎幸已渐次告痊”。汕头分会在潮汕各灾地诊治人数具体见表 3－1。

表 3－1　**汕头分会潮汕八二风灾赴各灾地诊治人数报告**

**（摘略）**

| 乡名 | 人数（名） | 乡名 | 人数（名） |
|---|---|---|---|
| 澄海柴井 | 112 | 澄海百二两 | 197 |
| 大口 | 64 | 五口 | 97 |
| 七合 | 325 | 三合 | 558 |
| 渡亭 | 135 | 北湾 | 96 |
| 南洋 | 1468 | 南沙 | 576 |

① 以上参见中国红十字会总办事处《南海分会医队救疗潮汕风灾》，《中国红十字会月刊》1923 年第 15 期。

续表

| 乡名 | 人数（名） | 乡名 | 人数（名） |
|---|---|---|---|
| 东里 | 166 | 口汀 | 247 |
| 大场 | 179 | 莲塘 | 27 |
| 外砂 | 848 | 潮阳桑田 | 179 |
| 潮阳下洋 | 73 | 潮阳后溪 | 22 |
| | | 总计 | 5369 |

资料来源：中国红十字会总办事处：《分会成绩：汕头分会来函（十一月九日）》，《中国红十字会月刊》1922年第14期。

中国红十字会救护汕灾持续月余，其间，中国红十字会总会总办事处与各分会协力合作，辗转于各灾区间，救死扶伤数千人，使“各区灾民渐次平复”，最终取得了八二风灾救护的圆满成功。在灾难频发、救灾事宜千头万绪的民国初年，中国红十字会为潮汕八二风灾积极筹款募捐，多次派医队前往灾区救治难民，可谓克尽天职。《新闻报》称：“本埠中国红十字会近因汕头风灾，待赈孔殷，筹办一切，极形忙碌”①，可见一斑。

上海美国红十字会也积极参与救灾，并同中国红十字会密切联手。据8月16日《新闻报》记载：“本埠美国红十字会中央委员会为赈济汕头风灾于昨午假座联合俱乐部开第二次筹赈讨论会，讨论继续赈救方法。前日中美两红会均收到捐款数百元，但杯水车薪无济于事，非筹巨款，断难普及。故急望在此

① 《中国红会之救灾忙》，《新闻报》1922年8月13日。

数日内筹得巨款，以便联络接济，美国红会前日曾致电汕头，询问需要何种赈济，至今未得复电。一俟复电接到，即将第二次医生及救济物品运往。”[①] 8 月 25 日，《新闻报》又报道称：“本埠美国红会等所派医生、看护妇等赴汕头施赈者，业已有电前来，请上海方面多寄药品钱物以应急需，衣服亦所必须。汕头等处被灾之民，无家可归者，共有八十万人。本埠中美二红会现正竭力筹款，并将应需各物陆续寄去。”[②] 至 9 月 29 日，《新闻报》又刊载《中美两红会之携手》称：“美国驻沪红十字会昨晚八时宴请中国红十字会，在胶州路百十四号美商务参赞安诺尔宅内设席，藉敦交谊。中国方面到会者有会长蔡耀堂、杨小川，议长王一亭，副议长盛竹书，资产董事宋汉章，理事长庄得之，医生王培元等七人，由美红会长白汕脱，副会长麦克拉根，美参赞安诺尔，职员毕法辉、施密史、费恩海利等招待。入席后，安诺尔致词，略谓今时为中美两红会第一次之交谊会，承诸君光顾，深为欣庆，将来吾中美二会携手进行，相与互助之处正多，如此次美红会派员与中红会同赴广东灾区实行服务，以为人道上应尽职务即一例。鄙人拟于十六号赴檀香山商务会议后即回华盛顿报告上海中国红十字会情形，藉资联合办理以后一切进行事宜云。蔡耀堂继起略致答词，随意谈话，双方感情极形融洽，至十时三刻始散。”[③]

---

① 《筹赈汕头风灾之昨闻》，《新闻报》1922 年 8 月 16 日。

② 《中美红会筹赈汕头灾民》，《新闻报》1922 年 8 月 25 日。

③ 《中美两红会之携手》，《新闻报》1922 年 9 月 29 日。

与此同时，华盛顿美国红十字会总部也对潮汕风灾给予了援助，捐助汕头赈捐美元达 1 万元。《申报》转引《星报》云："兹据美国红十字会中国总干事会宣称，该会已向各分会捐集汕头赈捐一万一千八百五十八元七角三分，将拨解灾区。"汕头疾疫危险消灭后，美国红十字会汕头部又参与到灾区善后事宜，其赈务由该部主任及美领事监同办理。①

## 第三节　其他民间力量的救灾活动

### 一　商界的救助

在近代中国众多商帮中，潮商具有极强的代表性。虽然近代潮商随着近代移民高潮而崛起海外，但在国内，随着汕头开埠通商，潮州本土商人群体也有了相当程度的发展，商人组织也相继成立。20 世纪初，随着潮汕各地行会、商会的陆续建立及其职能的不断扩大，商人在很大程度上把握了当地政府的社会经济命脉，甚至占据政坛，享有很高的声誉。林济在《潮商史略》中指出，"汕头商人组织在政治生活与社会生活中能够发挥重要作用，不仅是因为近代汕头商业与商人力量的发展，而且是因为汕头商人的主体意识也在觉醒，他们以社会的中坚力量自居，充分意识到自己的政治责任与社会责任，以爱国爱乡的精神，积极参与地方政治与地方社会活动，对于潮汕社会贡

① 《美红会捐助汕赈消息》，《申报》1922 年 9 月 17 日。

献良多"，在潮汕各项社会事业中，商人组织始终发挥着重要作用。[①]

八二风灾发生后，当地商人团体及个人积极加入此次赈灾中来，并起重要领导作用。汕头赈灾善后办事处虽由潮梅善后处和汕头市政厅会同汕头市总商会组成，实际上具体事务却由总商会主持。再如汕头当地于灾后成立的"汕头华洋贫民工艺院"，28名成员中，汕头潮商的汕头商会、商业联合会以及商人慈善救济组织存心善堂的董事[②]就有17人，可谓主导了"汕头华洋贫民工艺院"管理权。[③]

汕头赈灾善后办事处初步救灾筹备灾款的主要途径就是向当地商人捐募。以汕头为例，据《汕头赈灾善后办事处报告书》第1期之"汕头各界捐款芳名列表"所载，捐款主体为汕头各公司、银行、商号等，仅汕头一地，商人团体捐款就有四五百家；个人捐款也多以商人为主，捐款数目从几元到几百元不等。不单单在灾区汕头，其他各地亦多如此。如在上海，大部分筹款也多来自商界，根据旅沪广东潮汕风灾筹赈处多次敬谢诸大善士助款芳名列表，上海地区大部分赈款还是来自商界各团体和个人。如南洋兄弟烟草公司为此次风灾捐助赈款1万元。南洋兄弟烟草公司成立于1905年，由旅日华侨商人简照南在香港

---

① 林济：《潮商史略》（商史卷），华文出版社2008年版，第281—282页。

② 存心善堂各届理监事大多为汕头市绅商名流，拥有较强的经济实力，在商人中具有较强的号召力，从而使存心善堂成为汕头乃至潮汕地区最重要的慈善救济机构。

③ 林济：《潮商史略》（商史卷），华文出版社2008年版，第282页。

创办，1918 年企业中心由香港移到上海。予闻潮汕地区飓风灾后，南洋兄弟烟草公司一方面紧急捐款赈灾，另一方面立即派人前往汕头临时办理急赈。据《申报》称："本年阴历八月间，潮属汕头地方飓风为灾，死亡遍野。幸南洋兄弟烟草公司在汕头临时办理急赈，并简氏昆仲讯由港公司，及托东华医院分别汇款拨往灾区赈济，又在各处各埠捐款，总共已及八九千元，现复由沪公司捐款一万元，源源接济，力拯灾黎。"① 这与商人自身的性质也有很大关系，在近代社会中，商人是社会主要财富的运作者，自身经济实力相对雄厚，每当灾祸来临，所谓有钱出钱，在很大程度上救灾都是由商人担当。

商人不但是捐款者，也是赈款的募捐者。广州商会联合会在获悉汕头灾民"流离失所，饥寒疾病惨目伤心"的境况后，商会同人等联合官员，立即组织汕头救灾善后办事处，并"一面先由总商会筹拨赈款散放急赈，一面竭力募捐"②。

有些商团的募捐形式较为特别。如上海百代公司在得知潮汕遭受巨灾后，立即派摄影人员前往灾区拍摄灾区灾情，整整花费三天时间，并将灾情制成影片在上海放映，使上海各界可以目睹灾情惨状，并激发其善心。8 月 26 日《申报》作了相关报道："此次风灾，以汕头受伤为最烈，死伤盈万，惨不忍睹。本埠百代公司，因鉴于筹赈捐款，终需使人明了灾况。然此种

① 《潮汕风灾筹赈处敬谢南洋兄弟烟草公司慨助赈款一万元》，《申报》1922 年 9 月 1 日。

② 《关于赈灾来往函电》，《汕头赈灾善后办事处报告书》第 1 期，汕头赈灾善后办事处调查编辑部编印，1922 年，第 7 页。

巨灾，常非笔墨所能形容，故于本月十四日电嘱在香港之该公司摄影师，速往将该埠各种灾情，详细摄入影片中。费时三日摄毕，长约有二千尺，此片业已来沪，正在赶印，大约四五日后，即可出映。沪上人士一见之后，必能勃发善心，群起助赈也。”① 至9月3日，百代公司共摄取汕灾影片两大卷，且已剪辑完毕，百代公司汕头风灾影片正式开演，先在虹口沪江某戏院试演灾后情形，影片“伤心惨目”，观看者皆为之起恻隐之心。②

商人组织在筹募赈款的同时，也不忘维护商界和果农的利益，如“果木减税”一案。此次潮汕风灾，果木损伤惨重，尤其是潮州界内的果木稼穑被飓风偃拔无余。据档案记载，1922年9月，汕头总商会会长请求汕头市果商和益公所，为果子吹脱一空、血本耗尽，代为咨请市厅准予豁免警捐，以纾商困。关于此项事宜，汕头总商会一再奏请。最后，市政厅王若雨市长复函答复：“准予或免本年八月份应缴饷额，并自九月份起至明年八月止，准予减饷二千五百元，按月均摊，以示体恤”“因果行果商同受损失，应一并体恤，未便偏枯，姑准自明年一月起所有抽收捐款，暂以银分铜钱各半征收，至明年八月份以后察看果商状况，再行核办”③。此时汕头总商会已经成立，商人运用自己的组织请求政府豁免税收，或减税，这对当地的果农

---

① 《百代公司新摄汕灾影片》，《申报》1922年8月26日。

② 《百代公司汕头风灾影片开演》，《申报》1922年9月4日。

③ 汕头市档案馆馆藏档案：《二二年关于各税捐问题的文书材料》，档案号：12-9-329。

来说是一种福音，在很大程度上缓解了果农的压力。

汕头总商会成立于1907年，致力于维护当地商业的秩序和商人的利益。此次潮州滨海及内地的果木稼穑损失惨重，这直接危害了果行、益公所和果商的利益，作为商人代表组织的商会，理所当然地要替商人说话。而商民亦协办家乡的公益慈善事业。对于乐善好施，潮汕商民往往是身先士卒的。应当说，潮商的乐善好施同其精明经营一样出名，正所谓“经商时‘打分打厘’，行善时一掷千金”①。

## 二　新闻界的活动

八二风灾灾情重大，引起举国关注，《申报》《大公报》《益世报》《东方杂志》《新闻报》《晨报》《京报》《社会日报》《平报》等各家大大小小的媒体纷纷报道。其中又以《申报》的报道最为详细、具体，且报道持续时间最长。

通过驻香港记者，《申报》对风灾发生的过程、风灾所造成的损失、灾后市民的悲惨生活情形以及风灾后社会各界的施赈情况等，及时从多个方面详细跟进报道。如“汕头飓风之大灾”“汕头风灾损失之沪闻”“汕头风灾之惨剧”“汕头大灾后之港讯”“法人捐助汕头赈款”“旅沪人士筹赈浙灾”等，都是针对此次风灾的专题报道。如8月8日报道称：“风起于星期三夜十时，至次晨四时始已，在此数时内，狂风怒号，其势极猛，海

① 李开文、刘霁堂：《自强不息：广东潮汕人的胆气》，广东人民出版社2005年版，第179页。

水淹过堤岸六七尺，居民皆拥至屋之顶层避水，全城房屋几无一不受损失，有吹去层面者，有倒墙壁者，电杆吹断树木连根拔起，舢板吹搁岸上百余码之遥，太古公司堆栈坍塌，总会屋面亦被吹去……灯塔均受巨损。”① 该则报道向世人描述了风灾的发生情形，唤起了社会各界的广泛同情与支持。报道的内容也非常具体、翔实，如 8 月 13 日的报道“汕头风灾之大惨剧”，该文用五倍于常文数量的文字对“汕灾”作了细致的论述，可谓详细之至。且《申报》对此次风灾的报道具有持续性，从 8 月 8 日起到 9 月 9 日，足足报道了一个月。不但进行文字报道，《申报》还收集了多幅有关灾后惨状的照片或影片，为时人了解此次灾情，激起救灾善心，起了很好的传播和动员作用。

《申报》并通过“杂评”呼吁社会救助“汕灾”。其中一则时事杂评《汕头应急救》称：“此次汕头之灾，不同于寻常之灾，为历史上罕见之惨剧。闻之而不恻然动心者，非人也。港政府与英领事挽转运米，热心救济，应为我全国人所同声感谢，尤应为我全国人所共起救济者也。盖救灾之事无所谓国界，更安有所谓省界？如此惨剧我国无论何人皆负一份救济之责任。上海尤为富商、大贾、善士、义绅特产地，宜其踊跃输将，乃除广潮团体热心为桑梓赈外，其他团体之群起协助者尚少……故同一救济早一日，即可多救无数灾民之生。近则生命之不获救者多矣，所谓救灾如救火即此是也。我国人恒以互助、博爱

---

① 《汕头飓风之大灾》，《申报》1922 年 8 月 8 日。

之名词为口头禅，今如此大灾而漠视不救，则平日之所言皆虚。外人恒称我国民乐善好义，不落人后，今如此大灾而不能自救，而将何以副外人之称举？故今日实我国民大试验之日也。”①

此种杂评，集激励和鞭策于一体，不能不引起人们的反省。在《申报》的宣传动员下，上海地区民间社会力量积极捐款捐物，广泛参与到救援活动中。

《大公报》亦多关注民间灾变，对1922年八二风灾也多有报道。如8月12日，《大公报》刊登“汕头大风为灾”一文，对汕头的灾情状况与各团体的救灾情况作了初步报道。8月29日又有“外人调查汕头灾情之报告”，用两个板块详细记载了汕头灾情。9月6日“汕头飓风为灾情形详志”对汕头灾区情形作了更为详细的记述。虽然其报道内容与《申报》几无多大不同，但凭借《大公报》的影响力，使此次风灾灾情为更多人所知晓。

再如由中外商人合资兴办的《新闻报》，也针对此次风灾陆续进行报道。仅针对红十字会赈灾的报道即有多条。如8月13日《中国红会之救灾忙》，8月14日《红会为汕头风灾筹赈》，8月16日《筹赈汕头风灾之昨闻》，8月22日《红会电请加税赈济汕灾》，8月25日《中美红会筹赈汕头灾民》，9月29日《中美两红会之携手》，10月12日《红会赴汕救护队已返沪》等，其中详细记载了红十字会救济汕灾的

① 《汕头应急救》，《申报》1922年8月14日。

活动措施。

灾区灾情的专组摄影图片，更为直观地展现了灾区惨况。《东方杂志》拍摄的“汕头风灾之惨象（一）”和“汕头风灾之惨象（二）”，收集了有关汕头灾情的诸多图片，包括“太古洋行之货栈房”“太古码头之沉船”“大舞台戏院”“升平街”“正始学校门前”“存心善堂之收尸”“渣甸码头”等多幅照片。这些图片给读者以视觉上的强烈震撼，激起社会民众的广泛恻隐之心。其他如《益世报》《香港华字日报》等也多有报道。

值得一提的还有汕头地区的地方报《平报》。1860 年在开埠的强力推动下，汕头迅速崛起。在这一历史背景下，近代汕头城市文化事业也快速发展，主要表现在图书馆、书店、报纸等方面。1919 年五四运动爆发后，“民粹主义”或“平民主义”的民主理念深入人心，也成为国民追求自由、平等的代名词，“平民”一词在中国变得十分流行。20 世纪 20 年代初期，蓝逸川、钱热储创办《平报》，有“平民日报”之意。该报常设栏目有“平民常识”“平民俱乐部”“平民之友”等。八二风灾中，该报社因印报厂房受水，致使 8 月 3 日、4 日两日不得不停报。但自 5 日起，便以号外方式出版，并对风灾情况作全面详尽的特别报道，受到各界的关注和赞许。5 日、6 日两日每天出版号外 4000 份，并很快售完，特再版 2000 份，也很快售罄。为了满足读者，自 8 日起，除每天正常刊印两大张八版外，将第二大张的第六、第七版“地方新闻”和“本埠新闻”栏按号外款式，改设“汕头赈救大风灾”系列报道和各县“八二大风灾汇志”两大栏目，以“平报临时特刊”名称加印2000份发行，让市民了解风灾及救灾情况。①

可以看出，新闻报刊界活动的主要内容，一是详细描述最新灾情，对灾民的悲惨生活进行报道，使之引起全国民众的关注。二是对各级政府、各救灾团体的积极救灾措施进行报道，借以鼓励社会民众参与救灾。三是刊登大量筹赈启事和敬谢启事，在号召社会各界赈灾的同时，对热忱救助之仁人善士致谢。四是对政府的鞭策，从舆论上给政府制造压力，推动政府救灾。

### 三　灾区民众的协助

此次大风灾，也把灾区大多数人的良心引发出来，多以为“生死乃顷刻间事，财物何用”。所以，灾后多天，虽然江河上和海上漂流着的衣箱等物随处可见，但却极少有人去打捞。相反，对于打捞水尸，收埋死人，尽管秽气熏天，尽管疲惫不堪，大家却不需动员，勉力争前。很多幸存者自愿请求加入存心善堂协助掩埋尸体。众人都抱着死里逃生，应做好事，以尽未死之责，以存为善的念头。

潮汕“三善人”的传世美德在当地被广为传颂。南澳县（岛）隆澳义德善社的社员余阿泉、余排长、陈大弟三位渔人，

① 曾旭波：《汕头埠老报馆》，暨南大学出版社2016年版，第93页。

除致力于参加收埋当地数百死尸外，还约了十多位渔人，自带伙食，驾船去澄海县坝头、北港一带，协助当地善社收埋水尸。前后历经约10天，不分日夜，收尸二三百具。他们不怕脏臭，遇尸必收。收埋之艰苦、劳累为常人所难忍。由于此次海潮势猛，近海很多坟茔均被冲毁，三人又驶船到该县东里沿海收白骨掩埋。在乌鬃埔浅滩，见有一处被冲塌坟茔，遂将尸骨起出，却发现墓主原是一位富家妇女，墓中有随葬品金玉如意头钗一支、香黄金耳环一对、金手环一对，豆畔戒指四只，重约四两多。面对这些金器，三人毫不心动。当收埋白骨之后，就把所获金器，全部拿到附近寮尾崇心善社上缴。

善堂人见这三位南澳渔人，皆是衣衫破旧的穷汉，却拾金不昧，敬佩之情油然而生，便特制了一块宽2.2米、高2.54米的大木匾，上面写着："真善人"三个大字，下署小字"善无假善。兹有南澳县隆东、西乡余阿泉、余排长、陈大弟诸君，到我澄邑收骷髅，发现黄金数两，心不动焉。为此特赠牌匾一幅留念。中华民国十一年，澄海县东陇埠寮尾崇心善社全体敬赠"。该牌匾挂在隆澳义德善社内，并赠给每人一枚奖章。他们挂此奖章，不论到潮汕18个大善堂中任何一个，都受到款待。他们是潮人弘扬中国传统美德的典范，粤东行署给予表彰，香港也登报赞扬。[①]

群众自发组织的收尸活动也在进行。有幸存者回忆说："当

① 中国人民政治协商会议汕头市升平区委员会文史委员会编：《升平文史》创刊号《潮汕善堂专辑》1，1996年，第86页。

时有多难，人牙在收尸，有善堂，也有群众自发三几人在一起，自觉为人收尸，但外蚁要收二三百个尸，每个尸放一块汀板，拖在下宫风下畔收埋。”鉴于此次流尸遍野，无余地可埋，樟林居民黄乔梅并自愿将自己所置山园一丘，捐献于樟林救灾公所掩埋。①

甚至乞丐也加入救赈。史料记载：“老丐不知何许人，常在樟市乞食。昨日将所蓄之小洋四角，携至救灾公所，捐人助赈。问应记以何名，丐曰‘无名氏可也。’时有好事者，问之曰：‘尔之口食尚赖他人，何必捐资赈人耶？’丐曰：‘我虽为丐，不致饿死，纵死亦不过余一人已耳。彼受灾之家，老老少少，嗷嗷待哺，赈灾稍缓，必无生存。其惨况较我，又奚止天壤耶！’‘今我出区区之款，亦非徒钓沽名誉，不过尽后死者一点义务而已。’言讫而去。噫！贫若老丐，尚知大义，一般守财虏，置灾情于罔闻者，宁毋惭煞耶？”②

---

① 蔡英豪总辑：《澄海八二风灾》，澄海县文物普查办公室，1983年，第42页。

② 林远辉编：《潮州古港樟林——资料与研究》，中国华侨出版社2002年版，第442—446页。

# 第四章

# 香港地区及海外力量的援助

## 第一节　香港地区的援助

由于特殊的地缘因素和社会因素，香港各界对潮汕八二风灾尤为关注。潮汕与香港一衣带水，樯楫相接，交通便利，尽管香港在鸦片战争后沦为英国的殖民地，但两地一直保持着密切的贸易往来，潮汕许多物资都从香港运来。香港也是潮州人的聚居之地，很多潮州人早已移居香港。香港的繁荣离不开潮州人的辛苦经营，有的还在香港取得了不小的成就，并在香港享有盛誉。而潮人虽身在他乡，却关怀桑梓，时刻不忘家乡建设。

### 一　港政府的援助

八二风灾袭击了潮汕大地，各国领事馆也难免受创，故各国领事皆参与赈济，香港对赈灾尤为支持。台风过后汕头灾区万端待理，尤其是粮食与饮用水匮乏，非施行急赈不能奏效。风灾发生后不久，香港就立刻伸出援助之手，“拨万元助赈”①，且“运米予汕头英领事，赈济灾民”。8月8日香港当局致书汕头英领事，向华员吊灾，“并询问急需何种辅助”，并告知“已运米及饼干前往汕头施给灾民”②。8月12日，又“由海康轮付汕米一百包，饼干一百三十二包，面包四包，为散赈汕头居民之用”。次日，“再付往粮食三百六十七包”。13日，“又以无线电致英领事，请其电告再需迅速之救济否，并问及盖搭暂居屋宇，有无需用棚竹等材料及尚欲多得粮食否”③。8月16日“英领事又函问赈灾处，谓米食之外，尚需何物”。汕头赈灾善后办事处当即函复：“除米以外，尚无所急需。”8月17日，赈灾处王总理会晤英领事时，英领事又告知他，“再运米一帮来汕接济，不日船到”。当天，英领事又接到香港当局无线电，“谓再捐米一百吨助赈，即经函知市政厅预备驳船，接运散赈”④。9月13日，《湖南通俗日报》称：“据路透社香港电讯，当局议定再用五万元做汕头的赈款来救济灾民”⑤。

由于香港的热心救助，汕头灾区“粮食得香港之救济，尚可支持”。⑥ 汕头市政局致书英领事申谢。

单纯的运粮、捐款只能解决一时救急问题，寻求合理而行

---

① 《港政府拨万元助赈》，《申报》1922年8月8日。
② 《汕头飓风之大灾》，《申报》1922年8月9日。
③ 《汕头大灾后之港讯》，《申报》1922年8月14日。
④ 《汕头大风灾筹赈纪》，《申报》1922年8月18日。
⑤ 《香港政府捐款救汕头的风灾》，《湖南通俗日报》1922年9月13日。
⑥ 《汕头大灾后之港讯》，《申报》1922年8月14日。

之有效的救灾方法尤为关键。8 月 14 日，香港当局命令华民政务司海关监督，与华人团体接洽，商酌关于救济之方法，“凡有查询或献议，须向彼等提出”，并“致函英领事，请其代向汕头地方官道达悲忱，并望英领事将该地急需协助之性质，通报一切”①。8 月 13 日，“又以无线电致英领事，请其电告再需迅速之救济否，并问及盖搭暂居屋宇，有无需用棚竹等材料及尚欲多得粮食否”②。香港当局通过与领事馆电文往来，了解灾区情况，随时予以援助。

对“加税赈济”一案，香港当局驻汕英领事深表赞同。其发往“汕头赈灾善后办事处”的报告称：“贵总理拟请借拨关余，附加关税赈灾一事，本领事极为赞助，业经先行函复，一面邀集驻汕各领事馆于昨日开会提议，无不一致赞成，并对于此次受灾民人同深怜悯，但以各灾区淹毙人数、损坏房舍等项，约计应需赈款若干，现时尚不甚明了，议决暂俟，得有前项实地调查报告，再开一度会议。”同时，为了易于办理而避免延迟现象，香港当局驻汕英领事还决定以各国领事团领袖名义，设立领袖公使专门办理，并据情发函电禀告驻京领袖大臣。③

香港当局的积极援助赢得了华人的赞誉，英领事转达华员并代表华人表示对香港当局“见义勇为之感忱”，并称：“华人

---

① 《汕头大灾后之港讯》，《申报》1922 年 8 月 14 日。

② 《汕头大灾后之港讯》，《申报》1922 年 8 月 14 日。

③ 《关于赈灾来往函电》，《汕头赈灾善后办事处报告书》第 1 期，汕头赈灾善后办事处调查编辑部编印，1922 年，第 34 页。

确皆铭感不置。”①

## 二　港内团体及个人的救灾活动

获闻潮汕遭遇风灾噩耗，港内团体旅港潮州八邑商会、中华商总会与东华医院以及越南赈灾团决定组设专门筹赈潮汕风灾办事处，劝捐救济灾区难民。该赈灾团成立后立即发起签款团，向各处签集巨款，施行急赈办法以及组织大规模筹款赈济活动。港内各界踊跃捐输施赈，纷纷加入赈灾队伍中来。据《申报》称：“仅两日已捐得四万元。”② 办事处并推举商会董事王少瑜为总代表前往灾区协助救灾。赈灾团到汕后，除施以急赈之外，尚用以工代赈之法，补助沿海灾区，修复溃堤。

（一）旅港潮州八邑商会

八二风灾发生时，旅港潮州八邑商会（抗战胜利后改称香港潮州商会）刚刚成立第二年。该商会既是香港潮人的商业团体，也兼顾同乡会的任务。自成立以来，对敦睦乡谊、社会公益、同乡福利、兴学育才、赈灾扶困等，无不悉力以赴。③ 民国初年，香港社会已经初步形成了一些以潮商为主的行业，除南北行外，主要有米业、药材业、瓷器业、纸业、茶业、菜种业、凉果业、柴炭业、饼食业、汇兑业等。1921 年，方养秋、蔡杰士、王少平等旅港贤达鉴于潮商在香港各行业中均占有相当重

---

① 《汕头风灾之救济》，《申报》1922 年 8 月 10 日。

② 《汕头大灾后之港讯》，《申报》1922 年 8 月 14 日。

③ 赵克进：《开拓奋进八十年》，香港潮州商会《香港潮州商会成立八十周年纪念特刊》，2002 年，第 238 页。

要的地位，但往往“声气少通，无以连情谊而谋公益”，遂于1920年倡议组织旅港潮州八邑商会。

对于潮汕八二风灾及潮州八邑商会的救灾措施，《香港潮州商会成立四十周年暨潮商学校新校舍落成纪念特刊》有着详细的记载：“在本会成立后之翌年，即一九二二年八月二日，潮汕地区发生风灾，海水狂涨，山洪暴发，滨海各县，平地水涌，尽成泽国，淹毙居民，达数万人，其中澄海县属约四万人，饶平县属约三千余人，揭阳县属约一千余人，潮阳县属约四万余人，毁屋沉船，浸没田园，灾区难民达数十万人，流离失所，触目皆是，牲畜器具漂散不可纪数，灾情之惨，损失之重，为潮汕有史以来所仅见，此为本会代表抵汕后，调查所得之情形也。”潮州八邑商会在接到风灾讯息当天，即召开会董紧急会议，商议救济办法，决定，“先由本会拨五千元交汕头商会代行急赈外，即向本港潮属同乡募捐救济”，并开始展开各种救济工作。①

第一，救济八二风灾初步工作。

八二风灾发生之时，恰逢旅港潮州八邑商会会长陈殿臣先生事前回籍，遂由副会长王少平先生负责召集会董紧急会议。会议决定，除先由该会拨5000元交汕头商会代行急赈外，即向港内潮属同乡募捐救济。之后又连续接到各灾区发来的报告。在得知灾情越来越严重后，该会即将受灾情形函电分向海内外

---

① 香港潮州商会编：《香港潮州商会成立四十周年暨潮商学校新校舍落成纪念特刊》，1961年，第55—56页。

报告呼吁，请捐款救济，并立即成立赈灾团，以陈殿臣、蔡士杰、李鉴初、钟秀峰、王少瑜、王少平、吴史筹、李澄秋、方养秋、黄象初、郑习经、元发行等45人为服务支援，以副会长王少平为赈灾团主任，方养秋为总务，元发行为财务，李鉴初为庶务，全体职员担任募捐，向各善长呼吁救济。仅仅数日间，不但旅港潮州八邑商会会属各行号、各善长踊跃捐题，东华医院、华商总会、钟声慈善社，以及各邑商会，也均响应救济。鉴于家乡灾情之惨重，需求救济之殷切，遂举派代表前往汕头办理赈务，先后举出王少瑜、周华初、钟秀峰、林子丰、郑习经、陈湘波、洪鹤友、郑长松、陈吉六、陈有章、黄象初、柯希士、陈仲南、陈庸齐、柯斗南、杨瑞璜、李植秋为代表，并推定王少瑜为总代表，分批赴汕帮助协商一切筹赈进行事宜。

第一批赴汕代表王少瑜、周华初、陈吉六、洪鹤友、郑长松、林子丰、陈湘波，于8月10日从香港乘燕南轮出发。旅港潮州八邑商会还商请香港大学医科毕业生揭阳同乡蔡鼎铭为救生队队长，并邀集谢景星医生、詹锡章医生前往汕头担任赈灾团救生事宜。各代表到汕后，初始借周华初在汕的“捷记洋行”为办事处，后来因地方有限不敷办公之用，又改借新康里明珍酒楼二、三楼为办事处，共分七部办事。总代表王少瑜掌管财务，周华初任调查，林子丰任卫生，陈湘波任庶务，洪鹤友任稽核，杜宝珊任文牍（旋改任提务，文牍另聘顾百陶担任），并召集旅港潮州八邑商会留汕各同人陈景端、杨瑞璜、刘汉臣诸先生到办事处参与赈灾工作。

部署即定，该代表团立即展开下列各种急救工作：

1. 派调查员分赴各县灾区调查灾情，分送医药物品。

2. 大风之后，汕头街道臭气熏蒸，派救生队用药水洗涤汕头街道，以重公众卫生。

3. 派周华初先生及员役百余人，携带中西药品，分赴澄海、饶平、潮阳、揭阳各灾区调查灾情，疗治灾民。

4. 派陈景端、黄台石、杨瑞璜、洪献臣、徐少初、刘汉臣诸先生，分别会同汕头存心善堂，诚敬善社各社友，携带本会运汕赈米前往灾区散赈。

5. 拨款托存心善堂办理急赈，及在各灾区盖搭篷厂，以为灾民栖留之所。

第二，救济八二风灾之募捐。

八二风灾发生之后，旅港潮州八邑商会逐日将灾情陆续向港内各埠及海外详报。灾区的凄惨情形，不但潮汕旅港同乡闻之伤心，香港本地各邑人士也为之恻然动念，于是捐募工作，纷纷发动。方养秋担任赈灾团总务，日夜驻会，筹划一切。其余各职员亦长期驻会，办理各项事宜。募捐人员纷向各方请求捐助，更是异常劳顿，承兴行代表庄君为募捐工作奔走而昏厥。其他募捐员莫不任劳任怨，公而忘私，感人至深。该赈灾团每日都能收到善款，其中有用信封函纸币寄来，却无捐款人姓名，为善不求人知，这样的例子在募捐过程中有很多。

东华医院、华商总会及各邑工商学团体也纷纷发动助捐，或将款交旅港潮州八邑商会，或交东华医院、华商总会再集中交来。在各团体的募捐事迹中，感人最深者当为钟声慈善社。该社由社长会富老先生亲自领导沿途劝捐，张开白布幕敲响钟声，为灾民高呼救命，其声凄恻。路旁之善长仁翁，纷纷将善款掷于布幕中。

赈灾善款需求甚众，各界善士决定举办卖物会，为灾民请命，增筹赈款。正磋商进行间，恰逢该会第二届会长陈殿臣先生回港，于是众人力推陈会长主持其事，并得到香港绅商各界的大力赞助，助赈潮汕风灾卖物会遂得以顺利成立。当时义卖会办事处设于旅港潮州八邑商会内，会场则设在德辅道西370号至376号，10日筹备，10日开场，动员数百人，捐助物品者逾千家。其间，各办事人员夙夜在公，各善士踊跃捐助，得善款46649元2毫7仙，而陈殿臣出财出力，主持一切，厥功至伟。[①] 卖物会成立后，捐款主体及前后所收善款见表4－1。

表4－1　**潮汕八二风灾旅港潮州八邑商会所收善款**

| 捐款主体 | 善款数（元） | 捐款主体 | 善款数（元） |
|---|---|---|---|
| 香港东华医院、香港华商总会 | 212774.17 | 旅港台山商会 | 1000 |
| 越南西贡中华总商会 | 100000 | 香港商业同济公会 | 710 |
| 越南西贡潮州会馆 | 50000 | 基督教培道联爱会 | 700 |
| 广州湾潮州会馆 | 14462.04 | 香港阖港助赈 | 46649.27 |

① 香港潮州商会编：《香港潮州商会成立四十周年暨潮商学校新校舍落成纪念特刊》，1961年，第56—57页。

续表

| 捐款主体 | 善款数（元） | 捐款主体 | 善款数（元） |
|---|---|---|---|
| 旅港顺德商务局 | 11564 | 长洲冯梓庭先生经募 | 536.70 |
| 越南会安华商总会 | 10125 | 越南南定晋利洋纱局 | 500 |
| 山打根潮侨公会 | 9470 | 中华教育研究会 | 450 |
| 越南新州富安潮州会馆 | 5461 | 旅港番禺公所 | 410 |
| 怡朗华商总会 | 5300 | 墨京尼市埠梅崇发先生 | 400.92 |
| 海防华商总会 | 5704 | 旅港要明会宁工商会 | 300 |
| 梅兰芳演戏助赈 | 5323.5 | 怡路埠黄振名先生 | 400 |
| 香港少年新剧社演剧助赈 | 5121.51 | 小吕宋童子总司令柯明德先生 | 400 |
| 三孖冷工党 | 5038.90 | 旅港恩平工商会 | 392 |
| 巴域华侨各团体 | 5000 | 旅港清远公会 | 339.20 |
| 旅省潮州八邑会馆筹赈处 | 4000 | 振华女学校卖物会 | 300.52 |
| 旅菲厦门公会 | 4273.05 | 越南义安华商帮长 | 332 |
| 华宾华侨 | 4000 | 旅港开平商会 | 275 |
| 东京河内各善士 | 3213.84 | 海面货船工商会潘墨香先生等 | 203 |
| 山打根青年会 | 2500 | 香山唐家乡精一学社 | 244.72 |
| 旅港嘉属商会 | 2405 | 旅港新会商会 | 200 |
| 香港建造商会 | 2233.05 | 旅港四邑工商会 | 165 |
| 越南南定各善士 | 2100 | 旅港云浮商会 | 150 |
| 潮剧一枝香班演潮剧助赈 | 2000 | 旅港东莞工商总会 | 1025 |
| 小吕宋苏洛埠中华商会各善士 | 1110.70 | 焕然工社 | 107.20 |
| 香港南华体育会 | 1063.50 | 旅港增城商会 | 100 |
| 香港海关文员诸先生 | 84.5 | 海员慈善社 | 96.10 |
| 海陆丰工商总会 | 600 | 星架坡李德氏 | 549.7 |
| 圣约瑟书院演戏助赈 | 1150 | 牛羊业总工会 | 76.55 |

续表

| 捐款主体 | 善款数（元） | 捐款主体 | 善款数（元） |
| --- | --- | --- | --- |
| 圣约瑟书院经募 | 52.59 | 测绘工程公会 | 55 |
| 旅港三水商会 | 795 | 福建商会 | 4215 |
| 新会集善社 | 760 | 华侨洋务文员总会 | 13 |
| 香港崇正工商总会 | 1175 | 香港潮州商会各同人经募 | 103307.23 |
| 旅港南海商会 | 1185 | 统计 | 648160.66 |

资料来源：根据香港潮州商会编：《香港潮州商会成立四十周年暨潮商学校新校舍落成纪念特刊》，1961年，第57—58页。原文如此。

从表4－1可见，在旅港潮州八邑商会的呼吁之下，港内各团体组织莫不慷慨解囊，鼎力相助。参加捐助救济潮汕风灾的团体几乎涉及了港内各界力量，既有传统社会公益组织，也包括新兴社会团体，还有大部分是没有同乡关系的。所捐款数多少不一，香港东华医院、香港华商总会作为四团体之一，捐款数达212774.17元，协助尤力。其他各团体及善士皆伸出援助之手，捐款数目不等，少则几十元，多则上万元。整体统计此次募捐赈款共约65万元，这对灾区难民来说是一种莫大的福音，香港潮州商会的劝募工作取得了基础性的进展。

第三，八邑商会驻汕八二风灾赈灾团之善后工作。

潮汕风灾发生后，八邑商会派赈灾团携带60多万元和一批赈物到汕头灾区协助赈灾。该代表团及时赶往灾区，在汕头全力协助灾区救赈工作，包括赈济灾民、协助修复澄海被强风破

坏的江堤等，办了不少实事。[1] 具体来说，主要包括以下救灾事宜。

1. 各区灾民衣服多被漂浸，本团初则购买土布剪取衣物，分给男女老幼，即则定制卫生衣，给以御寒，需款27624.78元。

2. 灾变之后，哀鸿遍野，鹄形菜色，待哺嗷嗷，本团前后待发赈米，计本会6826包，东华医院、华商总会4789包，共计11615包，分赈各区灾民及筑堤工食。

3. 自上海购买棉被5000张，分给灾民，需款9346.34元。

4. 自上海购买棉被，非一时可至，因先买棉袋54000条，助棉被之不及，别轻重而分配，需款8257.65元。

5. 灾区辽阔，被袋有限，杯水车薪，势难普及，乃为之采办稻草，以蔽风雨，复以御寒，且可编成草毡，作筑沙堤之用，费廉而施给甚广，需款1805.03元。

6. 飓变之后，巡视灾区，有全乡成瓦砾场者，有倾塌伤坏不堪居住者，在后孑遗，流离锁屋，言之伤心，为召集流亡计，特代盖建小屋，或购料为之建筑，或给资交由自理，统计所盖建者，为数可3200余间，虽普及，亦不无少补，需款6237.61元。

7. 灾发之后，灾民栖泊无所，席地露天，建屋则需时，坐视又不忍，因先构竹篷，以资赈给，需款21484.55元。

---

① 杨群熙、陈骅：《海外潮人的慈善业绩》，花城出版社1999年版，第51页。

8. 巨灾之后，遗尸遍野，秽气难堪，赤日熏蒸，酿成疫疠，贻祸之大，难以胜言，且伤病灾民，僻处乡间，难得医药，为状甚惨，继续组织救伤队，购办药品用具，分队出发，藉救生命，需款531.09元。

9. 汕市自飓风灾后，垃圾山积，臭气熏天，实无卫生可言，而各处灾乡更有甚焉，因为之雇清道夫，涤荡积秽，并分给臭水药料，以图救济，需款2457.30元。

10. 堤围为地方保障，如生溃裂，则堤内人民生命财产将被摧毁，八二之灾，各处堤围，无不伤坏，藩篱尽撤，保障毫无，灾后余生，朝不保夕，且田园受淹，生活日蹙，无穷隐忧，唯此为最剧，办理善后，当以此为先，盖一方面谋永久之安全，作根本之计划；另一方面则寓赈于工，为灾民辟生计也。需款292652.186元。

11. 沿海一带，居民多操舟为业，靠海为生，飓风之后，船被漂没，遽失生计者，实繁有徒，此辈灾民，若徒衣之、食之，不特难以为继，抑亦失其自立能力，因各就其地之需，定制各种船只，给予受灾船户，需款36371.34元。

12. 沿海渔户，有以竹排为谋生之具者，灾后遽作难民，无以为活，因拨款交存心善堂代办竹排，以赈渔户。需款5000元。

13. 乡村居民，业农为多，但耕牛被淹毙，农具遭漂失，不能再从事耕作，势将坐而待毙，因购赠耕牛，制送农具，使得生活，需款34666.55元。

14. 汕头、潮安、澄海、潮阳等处慈善机关，对于收埋灾尸，施赠医药及其他服务，颇着效力。其中尤以存心善堂为难能可贵，各机关当时因救灾情切，多有积欠亏累，款项不继，不能赓继服务，叠承函请拨助，本团以彼此同是办赈机关，挹彼注兹，原无不可，因分别捐助，需款59235.27元。

15. 巨灾之后，米珠薪桂，生活困难，灾民受各方赈米，只可救济目前，实属难以为继，倘不设法平粜，将何处呼庚癸？本团有鉴于此，因提倡平粜于汕头赈灾善后处，众咸赞成，分行照办，本团支出需款3000元。

16. 灾后失业灾民，不可不有以安置，无依孤儿，不可不为之所，汕头六邑会馆诸善士，慨念及此，因发起组织灾民工艺院，华洋各机关多捐巨款，而其以成，本团酌为捐助，需款10000元。

17. 外砂三面环海，四无保障，且地属僻壤，贫户为多，茅舍土垣，难避风雨，以故八二风灾，受害之酷，冠于全潮，灾后孑遗，惊心动魄，咸罹祸至之无日，相率请求为之建避灾屋，俾有灾时，得所躲避，不致坐而待毙，本团接纳请求，建成士敏土避灾屋四大座，位于沿海一带，平时以该屋为校舍，办公益之事业，有事时，则任人入内躲避，冀保安全，需款27179元。

18. 汕头与莲阳外砂等处，往返航路，必出马屿而循红罗线一带，红罗线风涛险恶，覆舟没货，时有所闻，八二之灾，所有船只沉没靡遗，各船户恐遭覆辙，岌岌惶惶，环请各慈善团体，开凿珠池肚避风港，俾船只由此出入，免受红罗线之风险，全部工程6万元，本团酌为资助，需款8000元。

19. 当本商会在港筹款时，当开会议决：凡捐款在1000元以上，勒碑署名，以彰善行，本团遵照议案办理，择地于汕头同平路，兴建纪念碑，列名款于其上，用昭善举，需款5000元。

总计此次赈灾工作，从1921年8月3日开始工作至1924年9月结束赈务，历时3年。灾区各项救济及善后工作的顺利进展，离不开旅港潮州八邑商会各届会长及该会各职员的努力。尤其是驻汕赈灾团总代表王少瑜担负着各善长仁翁的重托，“始终其事，用能款不靡费”，灾民深得其益。[①] 第二届会长陈殿臣在征信录序中说：“天生吾民，天爱吾民，顾天心有时而不可知，亦人事有时而不可问，此其缺憾之事似不得以委之于运，亦不能尽委之于运。要惟同生天地间者，本其爱群之心，尽其互助之力，义之所在，即赴以力之所及，以求其心之所安，则缺憾或以是而可补，亦祥和或由是而可召焉。”[②] 旅港潮州八邑商会整个赈灾过程见于第四届会长方养秋在征信录的序文中：“噩耗传来之时，正养秋由汕抵港之翌日，本会同人，惊闻之下，莫不忧形于色，奔走呼号，亟筹急赈，以救灾黎。斯时本会会长陈殿臣，因事回里，副会长王君少平，以救济办法商之养秋，爰集众议决，先由本会拨款及购运粮食，托汕头总商会办理急赈，并分头向本帮同人及本港各善士募捐，又推王副会

① 《本会驻汕八二风灾赈灾团善后工作》，香港中文大学馆藏，香港潮州商会编《旅港潮州商会三十周年纪念特刊》，1951年，第58—59页。

② 《陈殿臣先生事略》，香港中文大学馆藏，香港潮州商会编《旅港潮州商会三十周年纪念特刊》，1951年，卷首。

长为主任，养秋与当年各会董及各热心会员为之协助。一面派代表驻汕办理赈务，一面详叙灾情分函本港及各埠岭请诸慈善大家解囊助赈。旋本港东华医院、华商总会、旅港各邑商会、各社团、各善士暨越南、南洋各埠侨商，以所得捐款委托本会规划散赈。”①

对于旅港潮州八邑商会参与救灾的社会意义，《香港潮州商会九十年发展史》称：“在赈济潮汕八二风灾过程中，可以看到，作为民间商会组织的旅港潮州八邑商会，并不囿于维护自身的利益，还自愿承担一定的社会责任，通过自愿捐赠、社会募捐、亲临灾区主持赈务等社会公益行为的形式，对社会资源和社会财富进行再分配，从而在一定程度上弥补了政府社会保障制度的缺失，提高全社会的福利，使社会更趋公平。”②

（二）东华医院

东华医院作为筹赈潮汕风灾办事处的四团体之一，在此次赈灾中起到了重要作用。《东华三院百年史略》③ 记载了东华医院的各种救灾活动。听闻潮汕风灾后，东华医院立即派代表调查灾情，“到官埭内砂、外砂等处灾区调查，所见灾民遍地，无处栖身，倒塌屋宇，触目皆是。近海一带，所见一片凄清，灾

① 关汪若：《会史纪要》，香港中文大学馆藏，香港潮州商会编《旅港潮州商会三十周年纪念特刊》，1951 年，第 7 页。

② 周佳荣：《香港潮州商会九十年发展史》，中华书局 2012 年版，第 76 页。

③ 参见东华三院百年史略编纂委员会编《东华三院百年史略》，香港东华三院，1970 年，第 183—184 页。

情惨重，空前未有”。与此同时，东华医院多次召开会议协商救灾事宜。

六月十六日（农历）卢颂举主席召集会议，并于席上报告云：“此次潮汕灾情重大，本香港当局及西商会，均有筹赈。本院昨日接到潮州八邑商会来函报告灾情，应如何筹赈，请各位发表意见。”潮州八邑商会代表王少瑜继于席上报告谓：“此次潮汕风灾，沿海各县受害而死者约十数万众，房屋倾毁者无法统计，电灯、自来水及铁路交通一律断绝，灾情惨重，为潮汕空前未有，请列位善士大解善囊，筹赈潮汕。”经讨论后，即席通过卢主席倡议，由东华院赈灾余款先垫支银1万元，汇汕赈济。同时，并决议，援照以往赈灾方式，致电各埠，筹请赈济。又议定由东华医院会同华商总会合办，由十九日起，沿门劝捐。六月十九日会议中，卢主席报告称：“关于善赈潮汕风灾，蒙华商总会派出专员七位劝助进行，无限欣慰。前十六日本院会议决定，先垫支一万元办赈，经于十八日在元成发号购米二百卅包，该银五千一百余元，另购药品一千元，由太古洋行嘉应号轮船付汕散赈。十九日，在利荣号购米四百包，该银四千三百余元由得忌利士洋行海澄号轮船付汕散赈。但由于灾区灾情重大，决定再办米一万元付汕散赈。会议还推举何华堂、李杰初赴汕代表，前往灾区调查灾情。至六月二十三日，据卢主席报告，东华医院先后已经拨款二万元购办米食药品，付汕赈济。”在该次会议中，香港钟声慈善社，也派出代表陈绍棠参与，对于筹集赈款，

陈绍棠建议请求华民政务司帮助，声称：“前年南兵北旱时，本社会举办巡游劝募，救济潮汕水灾。至于募得捐款，请贵院派人受理，但请贵院代向华民政务司讨人情，俾易进行劝募。”东华医院以该社热心公益，允予代讨人情，并指定将来巡游募得捐款，请永德银号黄秀生代收。此举共捐得七千余元。六月二十八日会议中又称：“本院即于六月十八日由嘉应轮船付汕米二百卅包，价银五千一百余元。十九日又由澄海轮船付汕赈米四百包，价银四千三百余元。廿日又由新华轮船付汕赈米六百卅包，价银五千一百余元。廿八日又由开城丸轮船付汕赈米五百包。由东城丸赴汕赈米一百卅包，共价银五千余元。”并称“现时尚有赈米两千五百包，价银约为两万元，定于明日由广东轮再付汕赈米一千包，其余一千五百包，则候船付汕。现除直销外，尚存银四万余元。可否再购米石付汕？”考虑到赈米尚未尽付齐，会议决定日后再行商榷。九月十七日会议通过：再将潮汕赈款两万元交来港潮州八邑商会，转汇汕头潮州八邑商会赈灾团王少瑜先生，办理灾区善后。九月三十日，接到王少瑜由汕头灾区发来的函电，又通通再汇两万元，办理善后。十月十五日，又通过再汇两千元付汕办理善后。

对于赈灾所需赈款，由东华医院会同华商总会合办，沿门劝捐。除香港各界人士捐输外，海外各地纷纷汇来捐款，统交东华医院委托代为散赈。六月二十八日会议卢主席报告称：“海外各埠汇款来本院赈济潮汕风灾者，计有：吉隆坡广肇会馆、越南堤岸穗城会馆，檀香山中华会馆、小吕宋赈灾会、小吕宋广东会馆、巴拿马同善堂等。”之后又称：“日前接到各埠汇来赈款两万三千余元，威灵顿中华会馆回来一百二十英镑，伸港银九百二十一元六毫。又秘鲁通惠总局汇来一千英镑，伸港银七千六百八十元。吉隆坡汇来四千五百元，小吕宋中华会馆黄秀生君汇来一千元，美国罗省地利埠中华会馆汇来千元，连同上月各埠汇来合共三万八千余元。总计本院沿门劝捐及钟声慈善社与孔圣会筹捐交来捐款，及各行缘簿，各埠汇款，合共一十一万六千三百一十元一毫六仙。”当年东华医院总理还邀请留港之评剧名伶梅兰芳举行义演。十月间，恰逢京剧名伶梅兰芳先生过港，华商总会特请他在太平戏院为三善团演剧，筹赈潮汕风灾，并由东华医院担任票务及招待等事宜。之后，东华医院又决定在潮州设立“灾民孤儿见习艺所”，该名称由叶兰全命名，以收容此次风灾之劫后孤鸿。

此次赈灾筹款所得总计达 30 余万元，成绩之优，前所未有。1923 年正月十六日，潮汕八邑商会赈灾团来函，“求将赈款内汇银一万元应用”，东华医院予以照汇。潮汕风灾赈济，至此亦告一段落。

鉴于灾区药材紧缺，在募集赈款、施赠赈粮的同时，东华医院决定设立专门基金制度，施赠中药。而东华医院对灾区施赠中药的决定，主要缘一妇人而起。

据《东华三院百年史略》记载：“同年四月，有隐名妇人到广华医院要求院方办理施赠中药，慨捐五百八十元，首为之倡。

广华医院总理以事属善举，义本应为，惟兹事体大，必须统筹全局，故一时未能决定。越数日，捐款人复来访晤总理，重申前讲，并继捐一万元，作为开办中药施赠经费，各总理咸感其诚，然所考虑者，长年累月之施赠，倘非有固定之经费来源，则恐难以为继。其后该隐名女士探悉各总理之隐衷，翌日又再增捐三万元，意谓可以足为开办经费矣。嗣经广华医院与东华医院联席讨论，鉴以该隐名捐款者，一再输将，其古道热肠，不应辜负，决定原则接纳，将拟设立基金制度，以维久远，预算筹集基金十余万元，以利息收入作为经费。事隔半载，正拟开捐，而该隐名妇又再携万元捐款前来，促请开办。两院总理嘉其懿行，决定成全其志，立即劝募，嗣得各方响应，募集基金七万元，连同该妇人先后所捐五万余元，合计所得共十二万余元，用以购入油麻地新填地街当铺十间，以每月租金所入用为施赠中药经费。广华医院施中药，缘一妇人而起，令德善行，弥足矜式耳。”①

在筹赈潮汕风灾办事处四团体的号召和带动之下，以及出于对灾区人民的怜悯，香港各界人士、团体在获闻潮汕风灾后，莫不协力相助。澄属旅港同胞，他们绝大多数是桑梓情深的人，在赈灾团的赈济活动中作用重大。八二风灾发生后，几乎旅港的澄属同胞都是有钱出钱，接连捐款赈济潮汕灾民。

据《澄海文史资料》记载，潮州八邑商会首届会长蔡杰

① 东华三院百年史略编纂委员会编：《东华三院百年史略》，香港东华三院，1970年，第102页。

士（澄海华人）虽已离职，但当他闻讯故乡风灾后即协力助赈，帮助组织赈灾团，并派黄象初（澄海县人）到汕头参加赈灾工作。1922年被推选为香港潮州商会会长的陈殿臣（澄海县人），呼吁施赈，筹集了大批物资，在香港购米买物运往潮汕灾区，使6属灾民暂时得到安置。而其对于灾后家乡筑堤、修屋、冬赈、春耕等一切善后工作继续筹募解决，在港组建“卖物筹赈会”，陈殿臣为会长，做了不少工作。还有澄属会董洪鹤友、陈子昭等人也组成赈灾团向港九各界同胞募捐。[①]

香港富商尼玛济花费数千元，自购赈灾白米五十五包，并用自己的轮船“燕南”号运来汕头助赈。于8月11日赴船往汕，以一己之力赈济灾民。汕头赈灾善后办事处急派人前往起运上岸，以助赈济灾民之需[②]。旗昌洋行唐鹤亭君，也购买数千元饼干，派代表前往汕头发赈；广府人芳元堂，亦捐银千元，送交潮州八邑商会代为办赈。甚至外商也伸出援助之手，“感动恤邻之念，亦将有巨款协助”[③]。港粤澳轮船公司鉴于大多轮船在此次风灾中几乎皆受损失，给潮汕与香港等地的交通带来不便，而潮汕遭此重灾，又急需外地物资救援等情况，“向九龙船坞定造新船一艘，用于往来港粤”。香港

---

① 广东省澄海市人民政府侨务办公室、广东省澄海市政协文史资料委员会编：《澄海文史资料》第16辑，1997年，第31页。

② 《关于赈灾来往函电》，《汕头赈灾善后办事处报告书》第1期，汕头赈灾善后办事处调查编辑部编印，1922年，第37页。

③ 《汕头大灾后之港讯》，《申报》1922年8月14日。

唐敦厚堂也专门成立赈济处，筹助赈款以济汕灾。8月12日，该会发来函电称“由香港附嘉应轮运来饼干三十五件”，分发给灾区灾民，汕头赈灾善后办事处回复函电表示感谢。[①]

“澄海县‘八二’风灾捐款芳名碑”第二、三片分别列载了捐款的香港人士：“香港章珠垣捐赠香票五十元；香港崔白越捐赠香票一十元；香港元成蔡捐赠香票一千五百元；香港裕德盛捐赠香票一千元；香港李炳记捐赠香祖肆四元；香港黄右记捐赠香票五十元；香港广源盛捐赠香票二百元；香港公同泰捐赠香票一百元；香港泰顺昌捐赠香票一千元……香港萧瀛洲捐赠香票六十元；香港元发捐赠香票一千五百元；香港□□琴捐赠香票二百元；香港陈殿臣捐赠香票五百元。”[②]

经统计，此次赈济潮汕风灾，旅港潮州八邑商会共捐赈款30余万元，连同东华医院、华商总会，以及香港各团体、越南南洋侨商赈款60余万元。根据《旅港潮州商会三十周年纪念特刊》记载：60万元赈款，“散赈办法，用诸急赈者约十余万元，用诸善后者约四十余万元，急赈以赠衣、赠药、赠米、赠医、搭建篷厂收容难民为主。善后以供给耕牛、修筑堤围、建筑避灾屋、协助生产为主。总代表王少瑜先生，由成立赈灾团以至赈务结束，留汕主持赈务者凡历年余，其热心毅力，真是令人敬佩，赈务结束，由赈灾团在汕头同平路立碑，纪念办赈经过

---

① 《关于赈灾来往函电》，《汕头赈灾善后办事处报告书》第1期，汕头赈灾善后办事处调查编辑部编印，1922年，第39页。

② 《澄海县“八二”风灾捐款芳名碑》，陈历明主编《潮汕文物志》下册，汕头市文物管理委员会办公室编印，1985年，第547—548页。

及捐款壹千元者姓名以垂永久；并由本会编印进支数目，及捐资各善士芳名以彰善行，而资征信”①。旅港潮州八邑商会筹赈风灾纪念碑序称：

> 民国十一年八月二日，潮汕飓风暴起，驱海水，倾洞陆，地滨海县，胥为泽国，淹毙居民数万，毁屋拔木，田园没，堤围决，牲畜器具飘散多不可胜记，灾情之重，亘古未有。耗闻香江，旅港潮州八邑商会同人，特垫款斋粮，托汕头总商会急赈。奔走请援于东华医院、华商总会暨各界慈善家，函电国内外市都岛屿。不数日款集。举少瑜为总代表，偕代表诸君赴汕设团办赈。东华医院华商总会代表亦先后莅汕调查灾况，继与越南诸善长皆汇所得款委为规放，综计六十万元有奇，米粮衣被药品在外，少瑜深维谫陋，恐负巨寄，夙兴夜寐，胼手胝足，竭虑殚精，凡举衣也，食也，被也，支篷为屋也，施医药病伤也，除浊去泥泞也，属于急赈者，莫不骤举善施。如庐舍堤防，及夫船具农具渔具为灾民生活所必需者，亦黾勉以培基能力。又以澄海之外砂，四面环海，受灾尤重，为筑士敏土屋四处，无事时供办学及他公益用，脱有灾资保障，竭十有六月之心力，然后急赈善后诸大端粗告完毕。灾民得以少安，饮水思源，实出各方善士解囊慨助之赐。初当香港筹赈之

① 香港中文大学馆藏，香港潮州商会编《旅港潮州商会三十周年纪念特刊》，1951年，第6页。

会也，众议捐资千元者芳名碑永久。爰遵案择地于汕市同平路建碑纪念，列名款其阴，用昭善举。嗟乎！当日天变奇灾，怆人心目，诸善士饥溺为怀，慷慨乐助，原出于不忍之至诚，岂以姓名勒石为轻重。然揆诸有善必彰之义，固应尔尔，且使后之睹斯碑者，知当时灾民之速复其所者之赖有诸善士也，又以警夫天变之无常，油然兴好善之心，遵轨罔纵，则善气所感，上召天和，海若恬波，灾祲永却。是则少瑜与诸同人之所厚望也乎！潮州八邑商会筹赈八二风灾赈灾团王少瑜谨识。①

在澄海华新加工厂围墙下（原大堤旁）仍存有"华新'八二'风灾捐款不年"一碑，残缺的碑文对香港四团体也有简单记载："民国十一年（1922年）四团抗洪助振（赈）筑堤银柒（下面字迹不清）——旅港潮州澄邑商会赈灾团、越南赈灾团、香港华商总会、香港东华医院。"②

此碑文记载了旅港潮州八邑商会、香港华商总会、东华医院以及越南赈灾团之四团体，虽然该碑并未有对四团体的救灾事迹的详细记载，但同样是香港筹赈潮汕风灾办事处四团体赈济潮汕风灾丰功伟绩的历史见证。

---

① 《本会筹赈潮汕八二风灾征信录序》，香港中文大学馆藏，香港潮州商会编《旅港潮州商会三十周年纪念特刊》，1951年，第7页。

② 《华新"八二"风灾捐款不年》，陈历明主编《潮汕文物志》下册，汕头市文物管理委员会办公室编印，1985年，第544页。

## 第二节 潮侨及国际力量的捐助

潮汕地区是我国著名的侨乡。近代潮汕人出国，80%以上是到东南亚各国，尤其是泰国（暹罗）、新加坡（实叻）、马来西亚、越南等地，其中尤以泰国华侨所占比例最大。据统计，鸦片战争后，特别是随着汕头的开埠，由汕头出国的契约华工及经商者数目大增，至1920年前后，东南亚华侨总人口为510万，其中潮籍华侨最多，约为180万。① “自光绪三十年（公元1904）至民国二十四年（1935），由汕头出口侨民计298万余人，同期归国入口侨民计146万余人，出超为152万人。”② 这一时期是历史上潮汕向南洋移民的高峰期。潮人到海外谋生，有历史或现实的种种原因：其一，潮汕是个农业社会，从根本上讲，人民出国必与土地、粮食问题直接相关。潮汕沿海各县地狭人众，日益增长的人口与耕地面积相对缩小之间矛盾凸显，纵有大年也不足供三月粮，迫使人民大量外出谋生。其二，历史上天灾不断，战乱连绵，加之汕头开埠以后，物价腾贵，潮人生计日艰，无法赡养家口，不得不背井离乡远渡海外，别谋求生之计。其三，潮汕地区的地理位置有利于外出，尤其是与东南亚各国交通便利。《六十年海外见闻录》云：在20世纪20

---

① 庄国土：《华侨华人与中国的关系》，广东高等教育出版社2001年版，第178—188页。

② 蔡人群等编著：《潮汕平原》，广东旅游出版社1992年版，第242页。

年代以前，“潮汕一带的人，只要有四五元大洋，买到一张船票，携着一双竹篮、几件衣服，就可以来曼谷找生活……所以许多华侨都说，‘我’只穿一条裤子就过番”①。

海外潮人虽身在他乡，却情系桑梓。由于他们具有勤劳勇敢、团结互助、善于开拓的进取精神，在海外谋得了生存和发展，许多人还在工商界、金融界等获得了辉煌成就。然而，海外潮人无论身在何地，无论其经济实力如何，都始终关注家乡的民众生活和建设事业，除了积极投资家乡的经济和文教卫生等方面的建设之外，还在家乡办了许多人们称颂的善事。特别是每逢家乡遭到严重自然灾害，海外潮人即一呼百应，组织广大海外乡亲捐款捐物，给予有力的支援，从各方面赈济家乡受灾民众，支持他们战胜困难，重建家园。② 老一辈人记忆犹新的是，1922 年潮汕八二风灾，旅居海外各地的广大潮籍华侨于灾后迅速募集巨款和物资，源源不断地输送至灾区。由于海内外潮商携手行动，极大地减轻了潮汕灾民的痛苦，“赈济哀鸿，赖以安定”③。

## 一　泰国华侨

泰国中华总商会是泰国最有名望的华侨团体，由泰国华商高学修、陈澄波、陈抡魁、伍佐南等数人发起成立，1910

① 吴继岳：《六十年海外见闻录》，南粤出版社 1983 年版，第 69—70 页。
② 杨群熙、陈骅：《海外潮人的慈善业绩》，花城出版社 1999 年版，第 46—47 页。
③ 引自《陈鹤珊讣告》手抄本，现藏汕头市澄海博物馆。

年该会正式成立。成立该会主要是“鉴于香港已有华商总会，新加坡则有中华总商会，泰国华侨众多，为适应潮流，亦应有商业团体之组织，藉以联络感情，交换知识”[①]。后侨领廖葆珊加入为创办人，因其当时获六世皇御赐官衔，因而在泰华商总会享有崇高地位。在成立最初的 10 年，泰国中华总商会所谓“在商言商”，在赈灾方面基本上没什么表现。到 1922 年 8 月潮汕发生八二风灾，灾情惨重，风灾消息传到泰国，泰国潮人均感痛心疾首。为响应海外各地侨胞救济家乡风灾运动，首次超出“在商言商”范围，发起募捐救灾工作。在泰国中华总商会组织下，泰国潮人专门成立了暹罗潮州台风海潮赈灾会，泰国潮人不分商户、小贩、职员、学生、男女老少，纷纷慷慨解囊，捐助家乡潮汕灾民。与此同时，高学修与廖葆珊、郑子彬等人星夜商议救灾事宜，并决定由廖葆珊向泰六世皇瓦栖拉兀，奏陈汕灾。廖葆珊的奏请获得六世皇同情，特从宫库中拨款泰币 5000 铢[②]，作为救济潮汕灾民之用。[③] 此事一传播，对泰华侨的救灾工作是一个巨大的鼓舞，各界侨胞更纷纷解囊，“所得义款，为数至巨，陆续汇往潮汕赈济”[④]。

泰国政府的大力支持也带动了泰国境内各界社会力量的助

---

① 吴继岳：《六十年海外见闻录》，南粤出版社 1983 年版，第 119 页。

② 当时 5000 铢是个不小的数目，相当于白银 75.8 千克。

③ 吴继岳：《六十年海外见闻录》，南粤出版社 1983 年版，第 119 页。

④ 中国人民政治协商会议汕头市委员会文史资料委员会编：《汕头文史》第 8 辑《海外潮人史料专辑》，1990 年，第 86 页。

赈热情。泰国十余个潮剧团，如“老赛宝丰”“正天香班”“一天彩”“老一枝香”“中正顺兴班”等举行联合义演，场面宏大，为潮汕赈灾募款。在短短的一个多月时间内，即筹募泰国各界捐款25万元，帮助赈济潮汕灾民。①“这是中华总商会第一次参加社会福利工作，表现华侨爱国爱乡热情。”②

暹罗潮州台风海潮赈灾会救助家乡风灾不是孤立的。泰国潮籍爱国侨领郑智勇也在泰国专门发起成立暹罗潮州飓风海潮赈救会，号召侨胞踊跃捐助。该赈救会的热忱救赈得到侨胞和泰国各界的支持，共募集泰币25万铢，大米、衣服等一批，并公推许少锋先生驻汕创办暹罗赈灾团。③ 许少锋先生是一位深受旅泰侨胞信赖、很有声望的隆都侨商。据《澄海市前埔乡志谱》载：许少锋先生是该乡东厝社人，泰京泰万昌行行主许必济的长孙，少时在家乡读书，年轻时到泰京接管祖业，经营泰万昌，事有所成，又增设批局，还出任暹罗实业有限公司总经理。他对侨团组织、慈善福利等活动，都乐于参与出力。尤其是对家乡的公益事业，更是关怀备至。八二风灾发生后，他受暹罗潮汕飓风海潮赈灾会的重托，作为代表，带赈灾款25万泰铢，④ 赴汕设置赈灾团（成员6人）具体襄理各项赈灾事宜。

---

① 林济：《潮商史略》（商史卷），华文出版社2008年版，第180页。

② 吴继岳：《六十年海外见闻录》，南粤出版社1983年版，第118页。

③ “暹罗华侨赈灾纪念亭”，杨森主编《广东名胜古迹辞典》，北京燕山出版社1996年版，第204页。

④ 计白银3790千克。

暹罗赈灾团积极帮助家乡修堤建设，如“前埔新涵堤”的修建。“存以甘棠”碑记载了暹罗各慈善家解囊助款修堤情况：“此堤因年久基颓，外璃忽然倾圮，将及龙骨，危险万分。幸蒙本都旅暹侨商捐集巨款，仍行修筑，恢复原状。从此堤基永固，皆出诸善长之赐也。”该碑还详细列载了各团体慈善家捐助芳名，在芳名中，首位陈黉利，捐五百铢；第二位陈乾利，捐五百铢；第三位泰万昌，捐三百铢；等等，合共32名。“外又蒙林蓉昌宝号赞助大银肆百元，连暹之捐款，已达肆千之多。除修整此堤外，所余之款，查得沟乡之堤已是危险之象，是同一修葺完竣，并录。”这块碑记，意蕴深邃。有人专门考证称：碑文所说“藉志鸿爪而彰善行”的“鸿爪”一词，是源自成语“雪泥鸿爪”，意喻往事遗留的痕迹。碑记作者很有文墨，他引用此典，意在表述对侨胞行善，竖碑留迹，有如“雪泥鸿爪”彰其善行。而碑名“存以甘棠”则是对侨胞的善举作了更高的评价。在古时启蒙读物《千字文》（梁周兴嗣著）中就有这句话。《千字文》中第79句就说“存甘以棠”，接下一句说“去而益咏”。据考证，这两句话原是赞颂周朝召公施行惠政的。周武王伐纣后，他被封于北燕。《史记·燕召公世家》说：“召公之治西方，甚得兆民知。召公巡行乡邑，有棠树，决狱政事其下，自侯伯至庶人各得其所，无失职者。召公卒，而民人思召公之政，怀棠树不敢伐，歌咏之，作《甘棠》之诗。”《甘棠》诗收在《诗经·召南》中，其诗云：“蔽芾甘棠，勿翦勿伐，召伯所茇。

蔽芾甘棠，勿翦勿败，召伯所憩。蔽芾甘棠，勿翦勿拜，召伯所说。”碑记作者把乡亲为侨胞善举竖碑留迹，视如古时先民为感公惠政而存留甘棠一样，指明这是继承中华民族优良传统，弘扬祖国灿烂文化的盛事。[①]

碑文中提到的陈黉利是著名旅泰侨商，陈黉利家族是一个典型的华侨家族，第二次世界大战前，曾被誉为“泰华八大财团之首”“富甲南洋”。陈黉利一贯关心家乡的建设和公益事业，他的儿孙们也都继承了这个良好的家风。潮汕八二风灾发生后，陈黉利家族在故乡的支持人陈立勋（陈黉利之孙，陈慈黉之子），即带人上堤视察，并派管家陈宣室等雇人见尸就收，一连收了几天，用尽了当时在隆都所能买到的一切埋葬材料，将所有尸骸全部予以妥善掩埋，所需费用，全由陈黉利家族支付，自此隆都有了义冢埔，也办起了善堂。[②] 而泰国中华总商会会长陈立梅（陈黉利之孙）“在暹京闻耗，借同志募集巨款汇汕赈济，哀鸿赖以安定”[③]。陈黉利之孙陈庸斋、陈慈云等曾作为香港潮州八邑商会馆驻汕代表之一，协助该会馆具体办理八二风灾赈灾事务。[④]

---

① 以上参见陈作畅《“存以甘棠”颂侨贤——访隆都前埔村堤上的老碑记》，汕头市澄海区政协学习和文史委员会编《澄海文史资料》第21辑，2008年，第75—78页。

② 《陈黉利家族乡情录》，广东省澄海市人民政府侨务办公室、广东省澄海市政协文史资料委员会编《澄海文史资料》第16辑，1997年，第73页。

③ 《陈黉利家族乡情录》，广东省澄海市人民政府侨务办公室、广东省澄海市政协文史资料委员会编《澄海文史资料》第16辑，1997年，第72页。

④ 《陈黉利家族发展史及其社会功绩》，广东省澄海市人民政府侨务办公室、广东省澄海市政协文史资料委员会编《澄海文史资料》第16辑，1997年，第39页。

旅泰侨胞也非常关心家乡灾区的卫生事业。澄海县便生医院，即旅泰侨胞为解决灾后家乡父老乡亲寻医问诊缺医少药的问题而慷慨解囊建造的。1922 年这场突如其来的巨灾使潮汕大地疫病流行，澄属侨胞在旅泰侨贤高晖石①的带动下，纷纷慷慨解囊，踊跃捐资，共捐资折合银洋 20 多万元，创建澄海便生医院，并聘请陈硕有为董事长。建院期间该院急病人所急，先在陈家祠设点，给亟待救治的病人施医赠药。医院于 1927 年竣工，特请天津著名书法家华世奎题匾额“澄海便生医院”。匾额用六块石雕刻而组成，每块规格为 70 ×63 厘米。时华世奎得润笔费白银600 两，折合银洋840 元。后再由澄海县书法家周之柏将题字圈于石块上，周得润笔费 100 两。但两位书法家均将润笔费捐赠该医院。当时因澄海县西医人才奇缺，特请来普宁、揭阳籍的官献庭、黄怀周、陈彦卿、陈实惠、蔡悦珍等来澄从事医务。初建时，医院的医疗设施较为简陋，只有一架低倍显微镜，设简易病床 20 张，收治小伤小病及诸如黄痧（钩虫）、疟疾等一些时疫疾病，门诊则只诊治常见病。医院分设内科、外科、妇产科、中医科，全院有医务员共 20 人，实行扶难助危，施医赠药，医药费由海外侨胞通过侨汇拨给，使医院有效地为贫苦群众病患解除疾苦，家乡贫苦民众甚得其益，因此深受桑梓乡亲的赞誉。②

---

① 泰华商界巨擘和大慈善家，曾创建泰国潮州会馆和中华总商会，为获得泰国爵位的第一位华人。

② 《澄海侨胞热心家乡医院建设》，广东省澄海市人民政府侨务办公室、广东省澄海市政协文史资料委员会编《澄海文史资料》，第 17 辑，1998 年，第 204 页。

在汕头市中山公园对岸，有一由旅居泰国华侨捐资建立的八二风灾纪念亭，1931年9月立，俗称“八角亭”，是汕头地标式建筑之一，原名为“暹罗华侨赈灾纪念亭”。此亭详细地记载了暹罗侨民捐助八二风灾的善举业绩。该亭由暹罗赈灾代表许少峰带头修建，水泥材质，亭中间竖石碑，碑林石刻“赈灾碑记”记述了旅泰华侨赈灾事迹及捐款芳名录，文云：

> 潮地近南澳，东南滨海，一望汪洋海诶。故以海为田，引壖构屋，沿为村落。蕃沧海桑田也久矣，多飓风，沿海居民，往往遭摧折之祸。然其酷虐惨烈，固未有如民国十一年八月二日之甚也。初，是晚九点钟，天忽微雨以风，俄而狂风挟潮，卷山倒海而至，平地水高七八尺，高者丈余，陂带磷火，房屋庐舍，大半摧倒，人民牲畜，死之无算，灾区之广，衍及数县，禾植果木，毁损殆尽。自前清康熙年间，发现磷飓而后，此为再见。呜呼酷哉！由是中外人士、海外侨胞闻耗，哀悯筹款赈救，接踵而至，暹侨多潮人，关怀尤甚，成立暹罗潮州飓风海潮赈灾会，四处募捐，奔走呼号，不遗余力。暹罗君主卿相士夫，及外籍侨胞，亦慨捐巨款，先后得捐二十五万铢。由众推举少峰回汕，代表施赈，组设暹罗赈灾团进行办理。举凡赈济米食，施赠被衣，筹助耕牛，修堤浚河，捐助贫民工艺院，及各善堂等事，均妥为完竣。明知杯水车薪，难期普及，挂一漏百，向隅必多，然少峰办理兹事，固不敢惮其勤劳，

> 而捐款诸公之盛德，诚不浅焉。特建亭立碑，刊登其名，以昭纪念。（名略），暹罗赈灾团代表许少峰。①

从上述碑文可以看出，旅泰侨胞对救灾善举非常热心，既“捐集巨款”，又“举许少锋先生为代表，驻汕创办暹罗赈灾团”，除“赈济衣食”外，还帮助修堤。在已收录入澄海和潮汕《文物志》的八二风灾数篇碑记中，也多处有“暹罗赈灾团”的芳名。如修复南砂牛埔堤碑记，记述该团捐银四百元；修复德邻东洲堤碑记，记述该团助银一千八百元；澄海县立八二风灾碑记，记述该团拨来赈灾银三千元，还赠给便生医院一千元等。②

## 二　新加坡华侨

新加坡潮侨闻讯家乡遭遇风灾后，第一时间向四海通银行汇寄义款，为数不下20万元。不久，新加坡中华总商会发起募款救济，继而主持义演，各界捐献甚为踊跃，共筹得叻币三四十万元。根据《汕头赈灾善后办事处报告书》，新加坡中华总商会在接到旅港潮州八邑商会报灾电报后，得知家乡八二风灾灾情非常严重，即于8月17日召开紧急会议，商议救助飓风灾事宜。经讨论，决定设立筹赈潮灾办事处，并“举定职员分担义务”。会议决定，先“拨汇汕银一万元，电托汕头总商会转交赈

① 钱钢、耿庆国主编：《二十世纪中国重灾百录》，上海人民出版社1999年版，第147页。

② 陈作畅：《“存以甘棠”颂侨贤——访隆都前埔村堤上的老碑记》，汕头市澄海区政协学习和文史委员会编《澄海文史资料》第21辑，2008年，第76页。

灾善后办事处，请其查实内地被灾最重地方先行施赈，然后陆续筹备。总期款不虚糜人沾实惠各等情表决在案，由诸热心家当会倡捐，经于本月十八号下午三时，由本会拨汇四海通银行汕银一万元，电托汕头总商会转交”。对于所捐赈款，商会做了规定：“所筹捐款专为救济潮州内地生人以善，其后一切收尸、葬骸，以及被灾时挪垫等费，概由地方慈善团自行担任。本会所筹捐款不得挪移。”①

对于新加坡商会的捐助，潮汕人感激不尽，并将其事迹载于坝头洲畔“重修外砂灾尸义冢碑”，以世代铭记，其碑全文如下：

民国十一年岁次壬戌，八月二号风潮为灾，澄汕惟外砂受灾最重，灾踵如狼似虎，潮壮如山，冲决堤岸，淹没庐舍，顷刻间平地水深数丈，一望汪洋，尽成泽国。男女老幼，呼救无灵，其随风浪卷去葬身鱼腹者，不知凡几。迨水既退，淹毙尸骸叠叠，悲乎恸哉！死者已矣，生者何以为情。于是掘地掩埋，草草苙葬，藉免狐食，敢云牛眠，伤心惨目之余，不得不为此权宜之安居也。及历时既久，风撇雨洗，草脱土崩，白骨黄泉，凄凄蔓草，昼则日色昏黄，遗骸难免暴露之惨；夜则阴风凛飒，残魂犹多失所之悲。惟问天地之深仁，谁埋无主骸骨？言念及此，倍觉神怆，恨海茫茫，弥增悲感矣。何幸熏风即至，实叻中华总

① 《关于赈灾来往函电》，《汕头赈灾善后办事处报告书》第1期，汕头赈灾善后办事处调查编辑部编印，1922年，第13页。

商会赈灾团悯彼颓墦，慨捐巨款，集数万血汗之金钱，花几千路遥之汗力，阡陌重新，夜台有安居之旧鬼；墓茔再造，荒原无啜泣之孤魂。磷火霄荧，逍遥稽首，尽言愁窟为安乐窝。此为此德，不唯重泉之下铭刻不忘，即含生负齿之伦亦深拜而无余也。嗟乎，孽海慈云，赖慈帆之普济，冤城滞魄，附宝筏以超升，我佛尚存，天工人代，一滴泉壤，沾恩生佛，万家绣丝，何足言报。福星一路，勒石聊以表功；天高地厚，戴德以志不忘，凡此区区，用伸谢悃。

中华民国十二年岁次癸亥秋七月

澄邑外砂乡王界众立①

新加坡潮民娱乐团体也加入赈灾队伍中来。新加坡彼时有5家汉剧社团，其中有4家是潮籍组织。民国初年，新加坡潮民社会始终保留着传统的乡土文化习俗，余娱儒乐社即新加坡潮人的娱乐社团之一。1912年8月，新加坡余娱儒乐社成立，创始人为陈子粟，其联合当时郭廷通、杨添文、林再乾、洪六、郭纯畲、陈复初、吴卓臣、陈木锦、陈喜添、赖福星、黄阿才、陈文仪、陈阿匮、张淑文、陈文杰等人发起组织儒乐社。取义“藉业务之余暇，萃人雅于一堂，操丝竹以遣兴，托清歌而娱情”而命名余娱。创社宗旨为：“提倡汉剧，研究音乐。发展文娱，联络感情，

① 参见蔡英豪总辑《澄海八二风灾》，澄海县文物普查办公室，1983年，第20—23页；蔡英豪主编《海上丝路寻踪》，华文出版社2001年版，第295页；《坝头洲畔“八二”风灾碑记》，陈历明主编《潮汕文物志》下册，汕头市文物管理委员办公室编印，1985年，第545页。原载《汕头日报》1983年9月20日。

协助公益，服务社会。”初创时由陈子粟先生主持社务，兼任助教。首届职员，名誉总理林义顺、杨缵文、李伟南、吴扬屏、杨书典，正总理陈敬堂，次则为郭纯畲、杨添文、刘炳安、刘炳祥、陈振堆等。该社初成立时只有清唱，并无表演。1922 年为潮汕赈灾，才首次组织粉墨登台义演筹款，成绩殊佳，共获叻币 39700 余元之巨。[①] 据侨领杨缵文忆述：该娱乐社团组织义演，“在场内售物竟得七八千元，拍卖花篮亦得七八千元，可见各界人士输将之力。总计是次捐款约达叻银三四十万元之巨”[②]。儒乐社长期为国内各种灾荒筹赈义款，如 1917 年为天津大水灾义演；1918 年潮州大地震，均清唱募捐，汇往施济；1928 年筹赈山东难民义演，得义款叻币 38900 多元；1928 年筹赈潮汕匪灾义演，筹得义款 19400 元；1932 年救济中国难民义演，颇著成绩；1936 年为汕头贫民工艺院筹款义演，共得叻币 3315 元，悉数赞助该院；1937 年筹赈中国“七七”卢沟桥事变难民；1938 年筹赈潮汕防灾义捐演出，共筹叻币 43006 元；1940 年筹赈粤省难民义演，共得义款叻币 12179 元；1947 年为华南水灾筹款义演，共得叻币 36900 元；此外尚有为豫陕甘三省旱灾、山东水灾、下海难民及闽南水灾义演，筹款赈灾，亦显成绩。其长期以来的义风善举，均获各界褒奖和赞誉。[③] 此外，新加坡“潮州白话剧团”为筹赈

---

① 周昭京：《潮州会馆史话》，上海古籍出版社 1995 年版，第 163—164 页。

② 《潮州华侨对祖国桑梓的贡献》，政协潮州市文史资料征集编写委员会编《潮州文史资料》第 7 辑，1988 年，第 55 页。

③ 汕头市艺术研究室编：《潮州音乐人物传略》，中国戏剧出版社 1999 年版，第 369 页。

汕头风灾演出八幕剧《灾黎泪》，借新加坡牛车水梨春园演出。该剧以潮汕平原为背景，第一幕《惨遭飓风》，第二幕《灾民饥饿》，第三幕《售子而食》，第四幕《为富不仁》，第五幕《筹议赈济》，第六幕《拒绝求捐》，第七幕《灾黎得庆》，第八幕《惜财亡身》。[①] 新加坡“醉花林俱乐部”也主持了救灾义演，筹得救灾善款30多万元。[②]

除泰国、新加坡华侨外，菲律宾中国商会“电汇大洋一万五千元”，以作救济汕头赈款之用。[③] 马来西亚沙罗越古晋埠华侨“现已认捐三千六百一十元，以供赈济潮汕灾民捐款”[④]。越南堤岸潮籍侨领陈澄初等，对赈济潮汕风灾十分热心，带动当地潮籍乡亲为赈济家乡灾民踊跃捐献。[⑤] 印尼万里洞（勿里洞）华商会也积极参与救灾。据史料记载：万里洞是南洋海上的一个孤悬小岛，地窄人稀，“凡世界事情，黑音无闻。所赖者，惟一纸报章以通声气耳”。潮汕风灾发生后，当地华人认为，“此次吾国潮汕风灾水祸之巨，实亘古以来所未闻未见者也”。华商会长钟奇汉与学董徐虞琴于是发起会议，召集中西人士筹议赈济潮汕灾民，公推叙徐虞琴为赈灾会临时主席，“宣布灾区惨状之广，人数死亡之多，流离失所而嗷嗷待赈之众。经过情形，

---

① 汕头华侨历史学会：《汕头侨史论丛》第1辑，1986年，第246页。

② 黄挺：《潮汕史简编》，暨南大学出版社2017年版，第280页。

③ 《华侨助赈之热心》，《申报》1922年8月31日。

④ 《沙罗越埠捐助汕头水灾》，《侨务》1923年第64期。

⑤ 潮州市湘桥区地方志编纂委员会编：《潮州市湘桥区志》，岭南美术出版社2013年版，第153页。

声泪俱下，惨不忍闻”。该会并派徐侠郡、钟奇汉、江纪坤、沈乃基四人为代表，“分途上港，筹办分会事宜”。各港分会不久后俱已成立，并派员分途出发，沿门劝捐。并通过义演等形式，筹款助赈。没过多久，各分会即筹集赈款万余元。[①]

华侨个人也为风灾的筹赈活动尽一己之力，许多潮人获悉家乡遭到特大风灾以后，自动向廖正兴（祖籍潮安）、李伟南（祖籍澄海）等主持的四海通银行汇寄赈灾款，总数不下20万元。又如旅新华侨刘炳思虽是商人，但热心参与家乡社会公益事业，从不后人。八二风灾发生之时，“刘炳思主持金星俱乐部举行演剧筹赈，不辞劳瘁，奔走劝募，一举筹得叻银万多元”[②]。其爱国爱乡义举为时人所称赞。

### 三　国际力量的参与

汕头市地处韩江、榕江、练江出海口，素有“华南要冲，岭东门户”之美称。鸦片战争后，汕头被列为开放口岸，辟为商埠，帝国主义列强在汕头纷纷占地修教堂、办学校、设医院、建领事馆。1861年开埠后，美、英、法、德、日等十几个大大小小的外国领事馆先后在汕头设立。1922年潮汕风灾突发后，这些领事馆纷纷伸出援助之手。

日本驻汕领事在亲身经历了巨灾后于8月8日发来函电，

---

① 《万里洞华侨赈济潮汕灾区总会成立记》，《华侨》1922年第58期。

② 《坝头洲畔“八二”风灾碑记》，陈历明主编《潮汕文物志》下册，汕头市文物管理委员办公室编印，1985年，第545页。

声称："此次飓风为灾，卢舍淹没，死者尸骸枕藉，生者失所流离，凄凉情状目不忍睹。兹由善后处市政厅、总商会合同组设汕头赈灾善后办事处暂借六邑会馆为办事机关，专门办理灾难一切善后事宜……查此次汕埠发生飓风，其剧烈暴厉，实所罕见，目击惨状殊深悯惜。贵处各同人热心合力组设汕头赈灾善后处救恤灾黎，本领事极表同情，自应禀报本国政府设法帮助。"但由于对汕头本埠及各属被灾情形并不能完全知晓，遂特请汕头赈灾善后办事处"将调查所得实在情状详函本署，以便禀报本国政府帮助，以尽邻谊"①。

8月15日，日本政府发来函电称已经运来千包大米资助。"昨接台湾总督府来电，以此次汕头风灾甚为悯惜，特交大阪商船公司开城丸轮船带来赈米一千包以恤灾民而表邻谊等因，查该轮船本日在基隆开行，大约后日（十七日）便可抵汕。届时希雇驳船四艘至该船搬运，分别赈济。除俟该米到汕再行通知外用先函达，俾便预备一切。"21日又表示，"近阅本埠报章所载各处陆续捐米施赈，为数颇巨，惟是赈济灾民除需要米食之外，欠缺者为何物应请贵处明以见示，以便采赠至汕头以外如澄海、潮阳、饶平等处受灾情形，将调查所得确状详细见覆，藉资报告而筹帮助"②。

对于提请北京政府"加税赈济"一案，汕头赈灾善后办事

① 《关于赈灾来往函电》，《汕头赈灾善后办事处报告书》第1期，汕头赈灾善后办事处调查编辑部编印，1922年，第4页。

② 《关于赈灾来往函电》，《汕头赈灾善后办事处报告书》第1期，汕头赈灾善后办事处调查编辑部编印，1922年，第44—45页。

处分函英国、法国、美国、挪威、日本诸国驻汕领事请求赞同援助。日本领事12日函复称，“本领事极为赞成，兹准函前由，除禀报本国驻京公使查照办理外，相应函复”。法国领事也来函称，“查此事前经王陈二总理来署谈及，各种情形无不极端赞成，但主权仍在，驻京公使本领事不能擅自主裁，不过将被灾详情及需赈济之处电呈本国驻京公使，请其向公使团提议开会，设法赈济，并一面电安南政府及上海法国商会设法援助，以尽救灾恤邻之谊”[①]。

此次潮汕风灾引起世界各国的广泛关注。美国、秘鲁、吉隆坡、小吕宋、巴拿马、西贡堤岸、檀香山各地，均汇来捐款，统交东华医院委托代为散赈。[②] 8月18日，墨西哥总统来电慰问汕头风灾，《申报》用醒目标题作了简讯。[③]

凭借优越的地理位置，民初汕头已成为优良的海港，吸引众多国家的轮船都停泊于此，外国公司、基督教等也纷纷进入潮汕地区。风灾发生后，国外团体组织也加入赈灾队伍中。法国商会、英国商会、天主教会以及美国红十字会等社会团体闻讯潮汕风灾后纷纷解囊，协力救济潮汕风灾。据《申报》之“法人捐助汕头赈款”报道，上海“本埠法人商会，近向会员捐集汕头赈款一千二百八十五元，连前助之一

---

① 《关于赈灾来往函电》，《汕头赈灾善后办事处报告书》第1期，汕头赈灾善后办事处调查编辑部编印，1922年，第28—31页。

② 东华三院百年史略编纂委员会编：《东华三院百年史略》，香港东华三院，1970年，第184页。

③ 《国内专电》，《申报》1922年8月19日。

千七百二十五元，共三千零十元，又天主教教会亦会助捐二千四百八十元八角”[①]。8月17日晚，旅沪外国人士在“台蒙德西饭店举行演剧筹赈，共筹得大洋六百零二元”，以汇汕救济。[②]上海美国红十字会向社会各界广泛募捐赈款，《民国日报》之《惨不忍闻之汕头风灾》称：“凡哀怜汕人遭灾之惨者，可捐款送至昆山路四号美国红十字会中国中央委员会彼得医生”，以备购买食物及医药用品之需。对于崩决的堤围，国外团体也积极进行修复，如对鸿沟盐灶水帽仙村缘头浮山一带堤围，“已由英国商会简牧师与该处绅耆接洽担任修筑”[③]。美国红十字会担任修筑香溪缺口约50丈的溃决堤围。[④] 国外组织参与救灾，既支援了灾区，也激励了国人积极投身于慈善事业。

---

① 《法人捐助汕头赈款》，《申报》1922年9月9日。

② 《中西人士募潮汕灾振九志》，《民国日报》1922年8月20日。

③ 《汕头赈灾善后办事处之组织及议案》，《汕头赈灾善后办事处报告书》第1期，汕头赈灾善后办事处调查编辑部编印，1922年，第12页。

④ 东华三院百年史略编纂委员会编：《东华三院百年史略》，香港东华三院，1970年，第184页。

# 第五章

# 八二风灾与近代救灾机制的初步建立

此次赈灾在很大程度上已突破传统的救灾模式，可以说是一次具有近代化特点的救灾。其中所展现出来的比较严密的救灾组织机构、现代救灾手段以及新兴慈善力量的大规模介入，标志着汕头近代救灾体制机制的初步建立。

当今社会，自然灾害仍然威胁着人类以及人们赖以生存的自然环境，需要我们去思考灾害背后一些深层次问题。人类社会的灾害有自然与社会双重属性，历史上多将自然灾害称之为“天灾”，事实上人为因素总是一个让我们难以逃避的沉重话题。理性地总结分析救灾过程中的成绩与不足和经验教训，不仅有助于我们从全面的角度来审视那段历史，而且可以增强当前的防灾救灾意识，以史为鉴，防患于未然。

为了对八二风灾的社会救助问题作进一步总结与探讨，本章运用对比研究方法，尝试以发生于19世纪70年代光绪初年的“丁戊奇荒”这一“清季巨灾”作对比分析。这主要基于以下考量：首先，“丁戊奇荒”是近代史上一次特大灾荒，灾害极其严重，对当时整个社会生活和以后历史都有十分深刻的影响，对灾荒史研究来说，是一个值得重视的课题。其次，自19世纪五六十年代以来，中国社会进入由传统社会向现代社会转变的过渡期，如果以1911年作为转型期前后两阶段的分水岭，“丁戊奇荒”与八二风灾的发生时期恰于分水岭的两侧。1922年清王朝早已退出历史的舞台，代之而起的中华民国时期各种政治力量出现新的组合和分裂，新的经济势力和社会力量也急剧增长，新旧力量对比明显。再次，两次灾害，一次处于华北偏内陆地区，另一次处于东南沿海地区，地理位置的不同，展现了不尽相同的救灾方式及差别鲜明的救灾成效。最后，考虑到一些细小方面的问题，如两次救灾民间义赈都发挥了重要作用，但具体到两次救灾活动又存在很大差异；又如在两次救灾过程中，地方政府的救灾态度以及所发挥的作用也有着很大的不同；两次救灾的方法由于灾害形式的不同也不尽相同。应当说，将二者进行对比研究，有助于深化本文内容、主旨。

以“丁戊奇荒”做对比研究，即有必要对这次灾荒作一背景式的简略说明。“丁戊奇荒”是发生在华北黄河流域二百年不遇的特大旱灾，起于光绪二年（1876），止于光绪四年（1878），由于以1877年、1878年两年最为严重，而这两年的阴历干支纪年属丁丑、戊寅，故称之为“丁戊奇荒”。这次大旱灾的特点是时间长、范围大、后果特别严重。从1876年到1878年，大旱持续了整整三年；旱区覆盖了山西、河南、陕西、直隶、山东北方五省，并波及苏北、皖北、陇东、川北等地区。大旱不仅使农产绝收，田园荒芜，而且饿殍载途，白骨盈野。受到旱灾和饥荒严重影响的人数将近两亿，占当时全国人口的近一半，直接死于饥荒者达1000万以上，逃亡灾民是死亡者的数倍。其灾情之残酷，不仅为清代所仅有，在中国几千年的灾害史上也极为罕见。因此，从灾区范围、灾情程度以及影响等方面来看，"丁戊奇荒"要远比八二风灾严重得多。

对于这场特大灾荒的发生原因，研究者多从自然与社会两方面找寻。有研究认为，"丁戊奇荒"的发生有着深刻的政治、经济、自然环境等原因，繁重的赋税、差徭，罂粟的大量种植对社会经济的严重摧残，是导致"丁戊奇荒"的直接原因；腐败的晚清政府是导致"丁戊奇荒"的重要原因；"丁戊奇荒"也是山西长期自然恶化、生态系统失调的结果，天灾造成人祸，人祸加剧了天灾——成了晚清社会无法走出的一种怪圈。[①] 即使当时参与赈灾的洋务派也承认"天灾"与"人祸"共同造成了这一场浩劫。洋务派对"丁戊奇荒"社会原因的论及主要包括：第一，农民徭役负担过重是导致这场特大灾荒的最直接的社会原因；第二，滥种罂粟造成粮食减少，是导致这次灾荒奇重的社会原因之一；第三，战争不仅加重了农民负担，而且破坏了农业生产，是导致这场灾荒的一个人为原因。[②]

"丁戊奇荒"发生后，清政府为维护其统治采用了诸多赈灾

---

① 刘凤翔：《浅析"丁戊奇荒"的原因》，《济宁师专学报》2000年第4期。
② 王金香：《洋务派与"丁戊奇荒"》，《黄河科技大学学报》1999年第2期。

办法，相关研究显示，有的办法甚至开了中国赈灾历史上的先河。首先，选贤任能，加强吏治。从光绪二年五月，清廷就不断饬令被灾各省督抚“讲求救灾之策”。光绪三年，灾情继续发展，清廷一面督促曾国荃赴山西就任巡抚之职，并将疏忽赈务的河南地方官吏降调和革职，一面调遣官员分别前往河南、山西和陕西帮办赈务。其次，广开门路，筹集款粮。清廷多次诏饬户部筹拨银两，谕令地方省份积极协济，并由李鸿章开办捐输总局。在洋务派的活动下，新加坡、小吕宋、暹罗、越南各埠华侨多向北方灾区捐款。最后，多方设法，赈济灾民。如蠲免赋税，减轻灾区纳粮业户的钱粮负担；设厂放粥，开局平粜，平抑粮价；以工代赈，安抚丁壮灾民。此外，各省还因时制宜，实行其他补救措施，如设立慈幼堂、添建恤寒公所，防治瘟疫等。与此同时，民间义赈也在此次赈灾过程中发挥了重大作用，如江苏常州绅士李金镛在上海著名绅商胡雪岩、徐润、唐廷枢、江云泉等捐助之下，邀请十余人奔赴灾区散赈，开东南义赈之先声。[①]

## 第一节　八二风灾社会救助特色

### 一　民间力量主导社会救灾

乾隆以前，官赈在灾荒赈济中占据绝对统治地位，民间的

---

① 夏明方：《清季“丁戊奇荒”的赈济及善后问题初探》，《近代史研究》1993 年第 2 期。

救灾组织是零散的。光绪年间，随着社会的变迁、阶级和经济力量的急剧转变以及慈善组织自身发展演变规律的作用，以民间力量为主导的义赈形式悄然兴起。民间义赈是一种由民间社会力量自发组织、自设机构、自谋捐款、自行散放的救灾方式。民间义赈组织区别于传统慈善组织的地方在于，它们打破了狭隘的血缘、地缘界限，其资金来源于全国各地的各个阶层，其组织也更具持久性、制度性和现代性。

在学术界诸多研究中，“丁戊奇荒”期间江浙绅商组织所发动的赈灾事业通常被认为标志着义赈的兴起。夏明方指出，“与以往不同的是，这次赈灾活动呈现出错综复杂的局面，并打上了近代中国历史变迁所赋予的时代特色，一方面，作为古代中国唯一重要的救荒形式——官赈，依然担负着不可或缺的历史作用；另一方面，具有新兴意识的近代工商业者，主要是江浙绅商组织和发动的民间赈灾事业——义赈，应运而生，成为当时救灾活动中一支举足轻重的生力军”[①]。也有研究者指出，正是这场灾荒期间出现了具有新兴意义的，以江南民间力量为主体的晚清义赈活动，从根本上突破了整个中国救荒机制的传统格局。[②]

对于江南士绅的赈灾活动的意义笔者积极认同，但仍认为

① 夏明方：《清季“丁戊奇荒”的赈济及善后问题初探》，《近代史研究》1993 年第 2 期。

② 对于晚清义赈的新兴意义，最早的论述参见李文海《论中国近代灾荒史研究》，《中国人民大学学报》1988 年第 6 期；虞和平《经元善集·前言》，华中师范大学出版社 1988 年版。

在清王朝专制集权下，实际上传统官赈在整个救灾过程中依然占据主导地位。有学者对江南士绅苏北赈灾行为的性质提出了质疑，认为“李金镛等江南士绅的此次行动的基本性质，与后来被公认为晚清义赈的那种赈灾机制有着根本性的区别……这次行动归根究底还是属于江南社会应对外来难民潮的努力中的一部分，所以其根本目的依然没有越出护卫乡土的范围……而与那种‘不分畛域’的跨地方义赈行动还有相当大的距离”。并由此质疑，“如果把这次苏北行动视为‘近代义赈’之始，那么又该对自明清以来就已成型的江南地方性救荒传统给出怎样的性质判断呢？”①

如果说，光绪初年民间义赈方兴未艾，那么至民国初年民间慈善力量已经遍地开花，力量有了显著的变化，并逐渐超越政府力量在救灾事业中占据的主导地位。北洋政府时期国内军阀混战，政务为财力所限不能依时兴办，有时政府虽有心救灾，但又因经费不足而不了了之，中国政权基本上处于秩序失范的格局，救灾活动越来越依赖地方慈善团体、商业等民间力量。美国学者施坚雅在其著作中亦曾提道：“地方官员有责任救助穷人，在必要的时候减免租税；然而在繁冗的官僚政治下，国家有限的资金要保证公共救济事业的充分实施是非常困难的，针对此种情形，尽管不同地区实施的步调不尽一致，学者们在这一点上却达成共识，即国家把这种

---

① 朱浒：《“丁戊奇荒”对江南的冲击及地方社会之反应——兼论光绪二年江苏士绅苏北赈灾行动的性质》，《社会科学研究》2008 年第 1 期。

责任逐渐地转移到了地方是无可置疑的。”[①] 这样，民间力量就“以救政治之偏而补社会之缺”，开始逐渐承担起赈灾救荒的重担。

1922 年潮汕八二风灾发生后，北京政府在救灾中所产生的影响是微乎其微的。当时北洋政府总统黎元洪拨出 5 万银圆助赈，这对百废待举的灾区来说无疑是杯水车薪。潮汕当地政府的努力与中央相比是显而易见的，但限于自身的财政能力无力单独承担救灾职责（如“樟林救灾分所”，灾后该分所来自澄海县署的捐款占全部费用尚达不到 5%），不得不拉拢当地一些有威望的绅商参与。与疲软的政府相比，民间救灾主体阵容庞大，善堂、会馆、公所等传统慈善组织在此次救灾活动中仍然显示出顽强的生命力，仅上海潮州会馆募集赈款即达 20 余万元之多。红十字会、商会、报界等新兴力量则充分利用其自身优势，在救灾过程中发挥了不可替代的作用。应该说，此次救助八二风灾与“丁戊奇荒”相比，无论是民间团体的阵容势力，还是民间团体的性质，在很大程度上都已产生了“质”的飞跃，民间力量表现出强烈的自主姿态，成为赈灾活动中的主导力量。

## 二　海外潮侨扮演了重要角色

“万里穿云燕，归巢恋旧枝，家乡甜井水，何处不相思。”

① G. William Skinner, *The City in Late Imperial China*, Stanford and California: Stanford University Press, 1977, p. 422.

潮籍著名作家秦牧这一诗篇深刻而又生动地表达了潮汕人对家乡故土浓烈的依恋之情。正是这种殷殷的思乡情怀，使潮侨特别关心家乡的建设和发展。八二风灾发生后，海外潮侨纷纷捐款、捐物。暹罗潮州台风海潮赈灾会还派出代表，亲临潮汕，具体协助办理赈灾事宜。旅外华侨在听闻灾情后，也有亲身携款回乡探亲和救灾者。海外华侨始终与家乡患难与共，这是八二风灾赈济中所展现出来的最鲜明的特点。

潮侨历来有捐赠的传统，从最早的“红头船”走出国门生根开始，不少人就在当地建立慈善会馆，扶弱救困，赈济邻里。到了近代，在一波波的海外移民潮中，不仅形成了一个庞大的近代海外潮商群体，而且成长了一批近代海外潮商巨子。他们中间有新加坡种植业大王余有进；泰国转口贸易业和大米加工巨头陈黉利家族；泰国米业大王高楚香家族；泰国典当业领班郑子彬；还有近代后期的泰国粮油加工和航运业大王蚁光炎，海外著名潮商陈弼臣、谢易初，等等。可以断言，近代侨乡发生灾荒，赈灾必有华侨参与。对于八二风灾中海外侨胞纷纷发起的赈灾活动，潮汕各地民众至为感动，风灾过后大家饮水思源，先后竖起了许多碑记，以彰其恩德。

在“丁戊奇荒”的赈济活动中，同样看到了潮侨这种乐善好施的举动。巨灾发生后，前福建巡抚丁日昌受李鸿章之托，派员前往香港及新加坡、小吕宋、暹罗、安南等地竭诚劝募，得到香港同胞和海外华侨的积极响应，连马来西亚国王也“捐

银千圆，以为华商之倡”[①]。东南亚作为潮侨的主要聚集地，潮侨在其中的作用是不容置疑的。由此可以得出这样的结论：近代以来，潮侨的乐善好施已经突破了家乡地域限制，对家乡地域之外的灾变也给予积极的援助，这与之前多协助乡里的狭隘思想相比有了很大的进步，从某种程度上看已经上升到了爱国的理念。但同时，清末民初华侨的这种“爱国”仍首先建立于“爱家”基础之上，潮侨对家乡的救助更是一种发自内心的强烈意识，如果用“痛心疾首”形容潮侨获闻家乡灾情时的心情并无夸张色彩，而对其他地域的灾变，或许更多出于一种怜悯的心境抑或道德上的责任感。

## 三　重视善后事宜

从本质上说，真正意义上的灾荒救助分为“临时救济”与“善后”两个层次。八二风灾的救灾活动，一开始即依照救急与善后两个方面进行。据《汕头赈灾善后办事处报告书》记载：此次赈灾办法分急赈与善后两项，“急赈则以救饥、安集两者为最要。故将各国及各埠慈善家捐米八千余包，俱已即时分头散赈，并随提出赈款八万元分交各县救灾公所，以为灾民盖搭篷寮、备置家具之用”。在急赈事宜即将处理完毕之时，善后工作即立刻开展，“现在急赈时期将过，正在从事调查，以为办理善后之准备将来善后办法，拟就各乡生活情形，分别修堤垦田，

① 王彦威、王亮辑编：《清季外交史料》2，李育民等点校整理，湖南师范大学出版社2015年版，第250页。

及供给渔筏等件，务使各复本业，免致流离失所”[①]。

善后工作得到很大重视，是此次灾荒救济的一个显著特点。以教育来说，传统赈灾“重养轻教”，通常极少顾及灾后教育事业的发展。八二风灾的赈灾活动突破了这一点，可谓是“养”“教”兼施。潮汕地区自古崇文重教，文化传统独特，宋时就有“海滨邹鲁”的美誉。但经过此次风灾劫难，灾后之教育也亟待重建。位于潮州的韩山师院（风灾发生时名为广东省立第二师范学校）未免于此难。风灾后，校舍全部倒塌，学校几近停办。当年9月，新任校长方乃斌到位，组织全体师生—面修葺倒塌校舍，勉力复课，一面奔走募捐。在社会各界和南洋侨胞的资助下，先后建起教室14间，宿舍4座，以及图书馆、科学馆、中山纪念堂等一批校舍。虽然困难重重，但灾区的教育并没有因此次风灾而中断。澄海中学在灾后也开始重建，该校教师杜君侠受县长李鉴渊委派为驻汕代表，与各善团接洽救济事宜。后征得各善团同意，从救济款中拨出2000多元作为重建学校宿舍之用。在各界捐资、县府拨款以及员生捐赠、合力共建之下，校舍得以修葺盖建。此外还有汕头港商义务学校的创办。1924年旅港潮州八邑商会筹赈潮汕风灾赈务结束后，王少瑜向商会建议设立义务学校，收容贫寒学龄儿童。潮州商会以“事属家乡公益”，遂决议在汕头设立“旅港潮州八邑商会分设汕头义务学校”“校舍由商会拨款兴建，不足之数，请聚和堂各行号捐

① 《关于赈灾来往函电》，《汕头赈灾善后办事处报告书》第1期，汕头赈灾善后办事处调查编辑部编印，1922年，第14页。

助，推定由王少瑜主持一切创校事务；并将筹赈风灾余款八千元作为基金，另由王少瑜向王兰甫等募得捐款三千元，凑成一万一千元，交由商会同人有关汕头商行生息，以充学校经常费用”。校舍落成后，即于1926年8月6日开学，王少瑜为校董主任，黄象初为校长。[①]

又如灾区溃决堤围的修建。风灾中潮汕地区堤围被冲决无数，如不及时治理，不但农业无从发展，且倘若再遇上风潮，后果将不堪设想。各赈灾团体对此给予了极大重视，专门拨巨款用于堤围修建。澄海县救灾公所收各处捐款及各银庄息款银元共19.33万元，其中3.527万元用以补助各区修筑43处灾堤，其余则用于调查、救济及其他费用。[②] 为使轮船免受红罗线之风险，旅港潮州八邑商会联合各慈善团体开凿珠池肚避风港，避免八二风灾中“轮船多覆灭”的惨剧再次发生。

此外，还有避灾屋的建造。为减轻家乡台风灾害的袭击，海外潮人筹资在澄海县之外砂捐款建造避灾屋四座，“俾有灾时，得所躲避，不致坐而待毙”“平时以该屋为校舍，办公益之事业，有事时，则任人入内躲避，冀保安全”[③]。

再如汕头华洋贫民工艺院的建立。风灾后针对难民的救济，

---

① 周佳荣：《香港潮州商会九十年发展史》，中华书局2012年版，第81页。

② 澄海县地方志编纂委员会编：《澄海县志》，广东人民出版社1992年版，第272页。

③ 香港潮州商会编：《香港潮州商会成立四十周年暨潮商学校新校舍落成纪念特刊》，1961年，第58—59页。

汕头赈灾善后处、汕头市商会、同济善堂、存心善堂、香港华商总会、东华医院、旅港潮州八邑商会、新加坡中华总商会、暹罗赈灾团、仰光赈灾团、关余赈灾会共同兴办了汕头华洋贫民工艺院，对受灾贫民实行教养兼施政策，其董事会由潮海关监督税务司、汕头市政府市长、公安局局长各1人，汕头市商会10人、商业联合会3人、存心善堂4人、同济善堂4人、华侨联合会2人、旅港潮州八邑会馆2人，共28人组成。①

此外，还有灾童教养院的修建。根据盐灶收容灾童之“教养院碑记”，八二风灾后，港汕英商会捐款修建灾童教养院，以收容受灾孤儿。碑文显示：“民国十一年八月二日，海啸为灾，澄饶沿海特甚，港汕英商会慨捐巨款，赈恤灾黎，越年藏事，以余款创设教养院收容受灾无告之男女孩儿，垂今十有四载，成绩效果昭然可见，该院管理部以事功告成，拟卸仔肩将全院一切交送本会，最尽慈幼之旨，继续办理。如此善举，义岂容辞，当即议决，派员接收，改易名称为‘中华基督教会汕头区会教养院’。”②

“丁戊奇荒”发生后，清政府从灾区的实际情况出发也着手采取了一系列善后措施，主要包括开垦荒地，均减差徭；禁种鸦片，推广蚕桑；兴修水利，建仓积谷等内容。应该说，清政府在北方各省推行的这些善后措施，在一定时期和范围

① 林济：《潮商史略》（商史卷），华文出版社2008年版，第282页。

② 蔡英豪总辑：《澄海八二风灾》，澄海县文物普查办公室，1983年，第27—28页。

内促进了北方地区的发展，一定程度上调动了农民的生产积极性，然而这些措施毕竟没有跳出传统荒政的囿限，没有逾越中世纪封建社会的农本思想，因而不可能从根本上提高社会的防灾抗灾能力。加之清政府在救灾过程中始终无法处理吏治腐败、西方资本主义势力的侵略等问题，使这些措施在实行的过程中往往兴废无常，远远达不到预期的效果。面对传统荒政的弊端，一批具有新兴工商业意识的思想家们设计出不少富有时代气息的救灾方法，如宣传植树防灾的科学原理，提倡广植树木，改善生态环境；引用西方先进的农业机器和技术，发展农业等，表现出对民生的关怀。然而这些科学的救灾方法在统治者那里无异于一阵耳边的喧哗，真正被采纳利用的概率是少之又少。[①]

## 第二节　艰难困境下的救灾成效

### 一　社会救助取得的成绩

“丁戊奇荒”发生后，清政府为维护自身统治，减轻灾害造成的严重后果，多方筹措救灾，采取了赈粮、赈款、蠲免、严惩赈灾不力的官员等一系列措施，对减轻灾荒所造成的损失具有积极意义。然而清政府财政拮据，交通不便，仓储空虚，已无力承担起救济灾民的主要责任，况且吏治腐败，胥吏中饱，

---

① 夏明方：《清季“丁戊奇荒”的赈济及善后问题初探》，《近代史研究》1993 年第 2 期。

赈灾效果极其有限。即便有研究者认为民间义赈的兴起，弥补了政府救灾之不足，发挥了重要作用，但在几百年不遇的奇灾面前仍然难以有效帮助广大灾区难民摆脱困境。与之相比，1922 年潮汕八二风灾，在海内外各界力量的倾力协助及本地灾民的自救互救下，尽管困难重重，但各项救灾活动仍然有条不紊地进行，经过一年多的努力，在风灾中被破坏的各项事业建设逐步恢复与重建，人民生活基本恢复正常，社会没有发生动荡，潮汕地区社会经济继续向前发展。

首先，赈济政策的合理实施，饥荒局面没有出现。历史上的饥荒往往发生在极端气候期间，如干旱、水灾等自然灾害，使得粮食严重歉收而导致饥馑。八二风灾过后，潮汕一带农业经济损失惨重，即将收获的果子也被打落殆尽，受灾民众挣扎在生死边缘。如同历史上的传统救灾，施放赈粮成为救灾工作的首要措施。应该说，此次救灾中赈粮的供给工作还是比较到位的，如汕头灾区，由于香港当局的热心帮助，粮食“尚可支持”①。部分地区的晚稻仍有不错的收成，救灾开始时所担心的饥荒局面并没有出现。除了社会各界的热心捐助，赈粮的及时发放也是不可或缺的条件之一。19 世纪 20 年代，潮汕地区已经出现了轮船等近代运输工具，可以从香港地区获得源源不断的赈粮，使此次赈粮从源头供给，到赈粮运输速度，都占有很大的优势。“丁戊奇荒”发生后，清政府在施赈过程中移粟

① 《汕头大灾后之港讯》，《申报》1922 年 8 月 14 日。

就民、设厂放粥、开局平粜、平抑粮价，多方设法救济饥民，取得了一些成绩。据各督抚奏报，山西省共赈男女贫民340余万口；河南省共赈饥民736万之多；陕西省统计各属赈过极贫次贫男女大小口31万有奇。[①] 然而，清政府及民间的努力并没有改变广大灾区的饥荒局面。山西巡抚曾国荃向清政府奏报称："晋省迭遭荒旱……赤地千有余里，饥民至五六百万口之多。"[②] 当时，树皮草根，皆被吃光。为了活命，老百姓甚至挖观音土充饥，数日后，"泥性发胀，腹破肠摧，同归于尽"。随着旱情的发展，可食之物的罄尽，"人食人"的惨剧发生了。1877年冬天，重灾区山西，到处都有人食人现象。吃人肉、卖人肉者，比比皆是。有活人吃死人肉的，还有将老人或孩子活活杀死吃的……无情旱魔，把灾区变成了人间地狱！对于此种惨局的出现原因，曾国荃称："此次晋省荒歉，虽曰天灾，实由人事。自境内广种罂粟以来，民间蓄积渐耗，几无半岁之粮，猝遇凶荒，遂至无可措手。小民所恃以足食者有三：曰天时，曰地利，曰人力。伏查晋省地亩五十三万余顷，地利本属有限，多种一亩罂粟即少收一亩田谷。小民因获利较重，往往以膏腴水田遍种罂粟，而五谷反置诸硗瘠之区，此地利之所以日穷也。"[③] 因广泛种植罂粟，民间的粮食储备渐渐耗空，遇见荒年，几乎毫无办法，只能坐以待毙。继任山西巡抚张之

---

① 李文海等：《近代中国灾荒纪年》，湖南教育出版社1990年版，第395页。

② 李文治编：《中国近代农业史资料（1840—1911）》第1辑，生活·读书·新知三联书店1957年版，第741页。

③ 《曾国荃全集》第1册，岳麓书社2006年版，第282页。

洞也指出："丁戊奇荒，其祸实中于此"，"垣曲产烟最多，饿毙者亦最众"。①

其次，八二风灾发生后，灾区卫生状况堪忧，甚至一度出现虎列拉疫情，但并未由此引发大规模的瘟疫。以樟林为例，尽管当时盛夏，社区内外有两千多具尸体亟须掩埋，有数以万计的死亡动物必须处理，公共卫生状况一度极为恶劣，但灾后樟林并未发生严重的疫疾。这与医护人员的努力是分不开的。灾发后，中国红十字会等慈善团体立即派遣医护人员，携带工具及药品赶往灾区。医疗队伍在潮汕灾区往返奔波，在各救灾分区设立临时医疗机构，对前来看病的难民给予无私的救助，甚至主动前往病人家里实施抢救，救治工作非常细致。各救灾团体也积极筹备药品等运往灾区。在各救灾团体的资助之下，潮汕广大灾民积极开展自救互助，掩埋死尸、清理垃圾等污秽物，有效地抑制了灾区卫生的恶化。"丁戊奇荒"过后，曾国荃曾奏报称：山西旱灾和随之而来的瘟疫让老百姓损失惨重。持续三年的巨灾使很多灾区都发生了瘟疫，据史料统计，在这三年大灾荒里死亡于饥荒和疫病者一千万左右。② 疫病传染性极强，在很多县如山西省夏县疫疠多乘之一村一镇传染，死亡日以数十计，民不聊生。每有举室

① 张之洞：《禁种莺粟片》，苑书义、孙华峰、李秉新主编《张之洞全集》第1册，河北人民出版社1998年版，第107页。

② ［美］马士：《中华帝国对外关系史》第2卷，张汇文等合译，生活·读书·新知三联书店1958年版。转引自赵矢元《丁戊奇荒述略》，《学术月刊》1981年第2期。

闭门仰药，或投环跳井自杀者。[①] 山西灾区全省各地均有不同程度的疫疠流行，严重的疫疠对民众的杀伤并不比旱荒轻。光绪《山西通志》总结道："瘟疫大作，全省人民因疫而死亡者达十之二三。"[②] 然而，面对瘟疫，清政府虽然采取了一些防治瘟疫的补救措施，但疫病者数目庞大，清政府又缺乏相应的救灾医疗机构以及医务人员，只能任由瘟疫在灾区肆虐蔓延。

再次，突如其来的风灾使潮汕房屋倒塌无数，灾民流离失所，但并未由此引发灾民的反抗斗争。历史上，严重的自然灾害发生通常会使农民大批死亡、逃亡，农业破产，灾民无法生存。于是，灾民的反抗斗争此起彼伏。据统计，从 1922 年到 1931 年全国范围共发生反抗斗争 197 起，其中反抗地主压迫的 59 起，因天灾引起的 62 起，因反苛捐杂税的 38 起，因水利引起的 16 起，其他 22 起。[③] 可以看出，因天灾导致的反抗斗争所占比例最大，其直接的表现形式为抢米、抗租抗税、与军警发生冲突等，后果是社会动荡因素骤增。八二风灾使潮汕农业、工业、运输业、渔业等各行各业几乎陷入瘫痪状态，导致难民无数，但由于政府及各救灾团体的积极疏导与妥善安排，包括发放赈粮、赈衣、搭建寮棚、给农民以粮种、给渔民以船筏等，救济与善后工作面面俱到，再加上"以工代赈"的实行，众多失业流民有了再就业的机会，也

---

① 张杰编：《山西自然灾害史年表》，山西省地方志编纂委员会办公室，1988 年，第 269、271 页。

② 转引自龚胜生编著《中国三千年疫灾史料汇编》清代卷，齐鲁出版社 2019 年版，第 902 页。

③ 张水良：《中国灾荒史 1927—1937》，厦门大学出版社 1990 年版，第 232 页。

有一部分灾民利用潮汕优越的地理位置，漂洋过海到南洋谋生。因而，尽管风灾曾造成无数难民，但灾后并未出现灾民的反抗斗争。“丁戊奇荒”发生后，灾民身陷绝境，纷纷倒毙，而封建官僚们仍然作威作福，欺压百姓。外国教堂也趁机进行侵略活动，在中国强买土地，拐骗人口。在天灾人祸的巨大压力下，灾民不得不起而反抗。1877 年 10 月 3 日《申报》登载：“秦中自去年立夏节后，数月不雨，秋苗颗粒无收。至今岁五月，为收割夏粮之期，又仅十成之一。至六七月又旱，赤地千里，几不知禾稼为何物矣……饥民相率抢粮，甚而至于拦路纠抢，私立大纛，上书‘王法难犯，饥饿难当’八字……粮价又陡至十倍以上。”① 陕西灾民的抢粮活动和举起“饥饿难当”大旗的民变，就是这种反抗斗争，而且这类斗争在各地都不断发生，但是，“丁戊奇荒”并没有形成大规模的农民起义。

最后，潮汕地区的近代化进程并没有因风灾而中断，相反，潮汕人凭着吃苦耐劳、敢于打拼的精神，使潮汕地区的各项事业得到长足的发展，逐步走上现代化建设的历程。汕头市当今市区主要的外马路、升平路、中山路、民族路、至平路、镇邦路、安平路、商平路、国平路以及西堤路等的街道和楼房都是在二三十年代建成的；交通运输业逐渐步入近代化，1916 年建立的汕樟轻便铁路，到风灾的次年 1 月已经通至澄海，全长达 10 英里，设有

---

① 李文治编：《中国近代农业史资料（1840—1911）》第 1 辑，生活 · 读书 · 新知三联书店 1957 年版，第 746 页。

8 个站[①]；商业贸易进一步发展，20 世纪 30 年代，汕头港口吞吐量仅次于上海、广州，居全国第 3 位，商业之盛居全国第 7 位，可以想见，当年汕头港口的繁忙景象。虐风狂潮过后，潮汕民众，潮汕大地，愈加焕发出生命力，田野如茵，大海上千帆竞发，颓垣败壁间，又有新的楼群屋宇崛现。与此同时，汕头市区耸立起赈灾纪念碑、纪念亭。对比而言，持续三年的“丁戊奇荒”则对各省灾区的发展产生了极为不利的影响，使灾区在很长一段时期内失去了生机，大大延缓、阻碍了灾区的近代化进程。1879 年曾国荃在奏报中说：山西“频年荒旱，疫疠盛行，民人或十损六七，或十死八九。迄今市廛阒寂，鸡犬无闻，高下原田，鞠为茂草”。许多地方“率皆黄沙白草，一望弥漫，考察地利，断难招复承种”[②]。十年后，1888 年一个在山西的外国传教士巴格纳尔的报告中还这样指出：“山西省自 1877 年大饥荒以后，尚未完全复原。有些县份的若干乡村，只有一户至二十户人家；而过去曾经有过几十户人家住在自己的家乡。”[③]“丁戊奇荒”发生之时，外国资本主义在华侵略势力还乘机侵略中国，各国利用清政府国库枯竭，力图对它借贷，以便充当大债主，进一步控制中国的财政。同时，外国侵略势力开始将洋米洋面倾销中国。中国本是世界上产粮最

---

① 林金枝：《论近代华侨在汕头地区的投资及其作用（1889—1949）》，《汕头侨史论丛》第 1 辑，汕头华侨历史学会，1986 年。

② 李文治编：《中国近代农业史资料（1840—1911）》第 1 辑，生活·读书·新知三联书店 1957 年版，第 667、937 页。

③ 李文治编：《中国近代农业史资料（1840—1911）》第 1 辑，生活·读书·新知三联书店 1957 年版，第 649 页。

多的农业大国，但在帝国主义和封建势力的统治下，粮食进口却越来越多，到1933年已达到3500万公担以上。显然，这场大灾荒，是粮食由出口而转为大量进口的关键。[①] “丁戊奇荒”之前，出口远多于进口，出超达一千余万两；大灾荒改变了中外贸易状况，出口锐减，进口增加，入超近一千万两，灾荒前后呈鲜明的对比。[②]

需要指出的是，八二风灾救灾成绩的取得不是偶然抑或侥幸，这离不开社会各界力量的协力救助。风灾发生后，海外海内团结一心，汇聚力量，共同迎战不利的生存环境，这是潮汕被灾重创后得以复原的根本因素。

## 二　救灾工作中的不足及启示

“丁戊奇荒”政府救灾中所呈现的一些缺陷是显而易见的。近代以来，日趋困顿的清政府财政已难以担负救灾济民的重任，不仅如此，清政府在救荒过程中所做出的种种努力，在很大程度上又因其愈益腐败的封建吏治的侵蚀破坏而抵消了。在大灾奇荒中，诸如“匿灾不报”、“买灾卖荒”、侵吞克扣等封建荒政的各式顽疾无不蔓延扩大，恶性发展，为害之烈甚至较旱荒有过之而无不及。相比较而言，潮汕八二风灾赈灾活动所取得的成绩有目共睹。然而，成绩的取得并不能掩盖救灾工作中存

---

① 李文治编：《中国近代农业史资料（1840—1911）》第1辑，生活·读书·新知三联书店1957年版，第773—774页。

② 张寿朋编：《光绪朝东华录》第1册，张静庐等校点，中华书局1958年版，光绪二年至五年统计列表。

在的问题与纰漏，及时总结救灾工作的不足，吸取历史上人民与风灾斗争的经验教训，对当今国家社会的灾荒防治工作来说，无疑具有一定的借鉴与启示意义。

（一）政府救灾体制流为具文

政府救灾能力与国力密切相关。北洋军阀统治时期，由于战争频繁，军政开支占了财政支出的绝大部分，政府财政经常处于入不敷出、债台高筑的状态。有资料表明，1913—1925年，用于军费、偿还债务的支出占到年总费用的70%—80%。[①] 政务之设施，每为财力所限，不能依时兴办，而军费又时有增加，多者几逾总额之半，少亦三分之一，军费既增，而他项政务不得不力从撙节。[②] 在这种财政状况下，很难保证救灾工作的实际成效，政府虽有心救灾，却又因经费不足而不了了之，其救灾制度往往流为具文。每当灾害突发时，北京政府通常会将救灾重任推给地方，而地方政府通常广发求援函电，乞赈于社会力量。在八二风灾惨重的灾情面前，汕头市政府以及各县政府频频致电国内各地同乡组织，以及暹罗、新加坡、安南、缅甸等国外的华侨或华人组织，请求救援。

澄海县县长李鉴渊快邮代电报告："八月二日下午三时，飓风猝发，傍晚愈急，入夜风势益恶，加以大雨倾盆，平地水深丈余，居民黑夜无处可逃，是夜县署全座次第倒塌，敝县长与县内人员

---

① 黄逸平、虞宝棠主编：《北洋政府时期经济》，上海社会科学院出版社1995年版，第64—65页。

② 贾士毅：《民国财政史》（上），上海书店1990年版，第78页。

冒雨奔避，幸免于难，迨至三日晨，风雨稍杀（刹），查点仓廒、监狱及中学校、圣庙，同时均已倒塌，逃去要犯多名，损坏案卷公件不少，城区附近，倒塌房屋，伤毙人命，举目皆是，尤以樟林、上下蓬、外砂等区，沿海各乡，受灾最惨，冲没乡村，淹毙人口，不胜其数，诚为千古未有之奇灾。”

饶平县县长陈秉元快邮代电报告称：“八月二号晚七时，风雨大作，海潮高涨，平地水深丈余，县属钱东、鸿门、东界、海山、黄岗、滨海各区，屋宇淹塌无数，居民溺毙五千余人，田舍、牲畜、船筏、基围，尽皆漂没，隆都一区亦被风潮冲决堤岸百余丈，损失极巨，灾民风餐露宿，颠沛流离，惨不忍睹。”

南澳县县长林元璧快邮代电谓：“冬酉飓风骤来，夹以雷声，雷本不飓，飓则不雷，乃千百年经验，一朝破坏，飓雷俱至，人不及避，入夜狂风飞舞，倒海排山，由东北风而西北风，而东南风，丑刻海潮骤涨，雨倚风威，潮乘风势，平地水深丈余，入澳避风之船相击粉碎，或飞而上山，或激而撞屋，县署本寄居硕果仅存之潮音寺，遭风而瓦飞，遇潮而基坏，各科局长员七人互攀一床，苟延残喘，游击队部全部倒塌，队长率同队兵攀登高处，幸庆更生，昧爽风潮余威尚猛，陈科长之英督率各长员兵役，救护难民，抚慰灾民，现在农无可农，渔无可渔，来源已断，交通全绝，欲与潮汕难民同沾救济，尚且后时，不能飞渡，其他惨象，笔不能尽。”

潮安县县长陈友云快邮代电谓：“八月二日夜飓风肆虐，奇灾浩劫，亘古所无，蒿目疮痍，痛苦欲绝，县属各乡田园果木

尽被摧残，房屋倒塌，船只沉没，货物漂流损失当在数百万以上。”①

八二风灾使潮汕遭受重创，堤围决口无数，房屋成片倒塌，尸横遍野，满目疮痍，可当时的政府只顾窃权谋私，全然不顾灾民死活。东南村90岁老人谢家林、中三合村83岁老人谢阿宋激动地对《汕头日报》记者说，“灾情发生后，旅居南洋的侨胞、京沪的潮籍同乡以及周边潮籍乡亲，闻讯纷纷捐款赈灾。鉴于当时新溪等地濒临海边，民宅多为低矮茅房，来年，华侨专门从海外购买钢筋、水泥，在东南、中三合、西南等村选择高地，建造3座钢筋混凝土结构的‘风灾楼’，一旦出现台风、海啸，可作民众避难所”。锦光、阿宋、锦龙、振梅等老辈纷纷告诉汕报记者，新中国成立后，人民政府十分重视防风抗灾工作，不但及时做好天气预报，修通围内排灌沟渠，而且年年投资加高加固海堤、种植防风林和红树林。改革开放后，各家各户也相继告别茅房，搬进楼房。现在再也不用像以前一样，一遇台风就提心吊胆了。②

《申报》曾刊发一篇题为《办赈与官厅》的杂评，一针见血地指明了这种弊端：“救灾之举虽无分国界，然负责最重之团体不外三类，一曰官厅，二曰地方团体，三曰慈善团体。而此三者之中，尤以官厅之责繁重而无可辞。盖筹办荒政头绪万端，款项之

---

① 参见香港潮州商会编《香港潮州商会成立四十周年暨潮商学校新校舍落成纪念特刊》，1961年，第55—56页。

② 《百岁老人谢锦光忆“八·二风灾”警醒后人》，《汕头日报》2005年4月24日。

如何筹措，发放之如何核实，一切善后之程序如何能缓急适宜、不偏不枯、不敷衍，皆赖官厅扼要提挈通盘筹划，而所谓地方团体、慈善团体，则不过或出其财，或出其力，以助官厅之成而已，故曰官厅之责最为重要。然而今日之官厅每于大灾起后，或开一次会议乞赈于地方团体，或发一急电求援于慈善团体，此外则绝鲜表示，一若倚赖他人之力即可成功，而已反可处于旁观之地位，岂非大谬者哉？吾故以此为灾区各省之当局告。”[①] 此则杂评正是政府救灾体制疲弱的真实披露。

（二）私挪公债、趁火打劫现象时有发生

风灾发生后，潮汕各处堤防损毁过半，如不赶紧抢修，再遇到台风海潮袭击，潮汕必将成为泽国，且河堤是农业生产的保障，溃决的堤防严重阻碍了农业生产的进行。有鉴于此，澄海、潮安、饶平等县皆请求韩江治河处拨款赶修溃堤。应澄海县救灾善后公所、潮安县署、饶平县署等请求，韩江治河处决定划拨公债作为各县修堤之用。

公债之拨款本应作为修堤治河之公用，然而仍有县署不顾灾区民众利益，私自挪用治河公债。潮安县署面对总司令要求“设法速筹巨款解省以济军粮，并派定县属额数息借豪银五万元，限两星期内解清”的密电，竟私自议决“就派定各区治河公债，先行劝募，足额挪借垫解，即在县属正杂收入项下截留

① 《办赈与官厅》，《申报》1922年9月19日。

抵还，以归简便而应急粮业”①。

对于潮安县署私自挪借公债的做法，韩江治河处提出异议、质疑：“一、官信之不昭。无可讳言，息借军粮原案虽以县库收入作抵押，而挪借公债事前未经函知敝处，事后又未具报，万一军用复急，上游又责成县库赶解钱粮，则挪款势将归赵无期，应请据实呈明；二、开办河工全恃前款公债。现时定购机器疏浚梅溪，在在需款孔殷，究竟县库收入除去坐支每月约存若干，应请按照前三年同月分之征数，定一每月还本数目，先行列单函知，以便归入预算，依期取用，免误要工；三、公债既经挪借，则债权属诸敝处，惟贵署实已挪借公债（若）干，应请明白函知，以便异日按本取息，敝处系为顾全公款，冀免无着起见相应详晰。”②

在韩江治河处的质问下，潮安县政府仍进行狡辩，竟称“挪借原属移缓救急，减轻人民负担，悉出全县公意，实与擅挪有别，同是服务桑梓，此中苦衷当承谅解”。并信誓旦旦地做出承诺：“借款息金敝县长负完全责任，俟拨还之日即照数支贴，或照贵处存放商号息价计算补回，决不含混拖延。”③

不法商人的趁火打劫行为同样令人愤恨。在救灾过程中，

① 《伪韩江治河处二二年十二月勘查韩江水患报告》，汕头市档案馆，档案号：M011－11－48。

② 《伪韩江治河处二二年十二月勘查韩江水患报告》，汕头市档案馆，档案号：M011－11－48。

③ 《伪韩江治河处二二年十二月勘查韩江水患报告》，汕头市档案馆，档案号：M011－11－48。

米粮、药品等紧缺，一些商人却昧了良心贩卖湿米、霉药，严重地危害了灾民的健康。8 月 11 日汕头赈灾善后办事处召开第 5 次会议，香港潮州商会救灾团总代表王少瑜在会议上指出：某些“药行将浸水霉腐药料，晒曝转卖，大碍卫生，并经众表决，坚决予以取缔”。汕头赈灾善后办事处对此高度重视，决定由卫生股针对问题负责制定取缔办法，再交会集议后再行决定。之后，王少瑜又多次提议取缔奸商、市侩卖湿米、贩霉药等趁火打劫的不法行为，并亲自出面查办“炳春号”售卖湿米案。调查结果，“该行东主，虽无故意舞弊，而栈伙出货不慎，致发此事”，但考虑到“事关赈灾善举，自应从重罚办，以儆效尤”，仍将“已出米二百一十二包充公，并罚五百元”。后“炳春号”东主陈炳春特捐赈款 3000 元，汕头赈灾办事处名誉总理尹倜凡认为他“对于赈灾事，殊为热忱”，遂会议表决撤销“炳春号”售卖湿米一案，“以分惩劝”①。也有一些商人趁机抬高米价，如浦利号米店，由于此次风灾来得突然，再加上发生在深夜，人们猝不及防，各米店也多被大水淹湿。“惟浦利号之米堆积在楼，始免被湿。乡人纷纷向其购买，殊该店东竟视为奇货，任意抬高价值，每元仅售米六升。”樟林救灾公所闻知此事后，即派员到该店，劝其照常售卖。但该店老板仍置若罔闻，不听劝告。救灾公所认为该店东“良心已丧，非可以理喻”，于是会同

---

① 《汕头赈灾善后之组织及议案》，《汕头赈灾善后办事处报告书》第 1 期，汕头赈灾善后办事处调查编辑部编印，1922 年，第 7、9、13 页。

警署，将该店查封。[①] 打击不法商人的舞弊行为，维护了灾民的利益，保护了人民身体健康，受到潮汕灾民的广泛称道。

又如潮安公司轮船，在赈灾中独收运费，受到民众的强烈谴责与抵制。灾后，潮汕灾区的交通几近断绝，平日在海面上行驶的小汽船、木船已几乎完全失踪；陆上的火车、人力车、轻便车也已经完全被毁坏。各救灾团在救灾过程中感受最深的就是陆运、水运极不方便。所以，旅港潮州八邑商会赈灾团设法由港自备小电轮，并调用经常航行于汕头、香港之渣甸公司、太古公司、山下公司、大阪公司的各轮船，对香港潮州八邑商会、东华医院的运输赈务均免收运费。然而，“独粤人所办之潮安公司轮船，初则巧于趋避，先期入坞，今既出坞，竟欲独收运费”。潮汕民众对该公司的不道德做法感到异常愤怒，认为该公司已经完全丧失了慈善之心，“已相约不搭客，不配货，与之绝交”[②]。

在办赈过程中，仍有办赈人员利用职便虚报灾民，吞没救济品。为惩恶扬善，汕头赈灾善后办事处在致潮梅善后处《关于惩奖办赈人员事函件》中指出：“潮属此次被灾区广情重，哀鸿遍野，矜悯不遑办理赈济事宜，务须实事求是，倘或稍有情弊，即难普救灾黎。敝处为慎重起见，拟请严切布告，并通令各县公署随时查察，凡地方办赈士绅，如果确系

① 林远辉编：《潮州古港樟林——资料与研究》，中国华侨出版社2002年版，第447页。

② 《汕头飓风为灾情形详志》，《大公报》1922年9月6日。

公正得力毫不苟者，准予择尤褒奖，其有藉赈舞弊或敷衍塞责者，一经人民揭发，查有事实，应即严拿呈解贵处，从重究办，以明赏罚。”① 惩奖办赈人员，赏罚分明，对于救灾工作的顺利开展起到了积极的作用。

也有盗贼乘灾行劫，如在樟林石丁乡，“十二日忽风传有盗船二艘泊于石丁乡，疑是晚入乡行劫，迨晚果有数盗在陈德茂门前窥探，为更夫瞥见，放枪示威，各社更夫亦相继驰赴援助，始将该盗击退”②。

（三）根本性的救灾措施仍有待完善

无论急赈还是善后救灾工作，实质上通常都是仅仅就一次灾害而救灾，缺少长远的目光。潮汕八二风灾多少也不例外。灾发后，救灾机构更多地将目光聚集到移粟救民、筹集赈款、施医赠药等急救措施上，虽然在堤防的修建、校舍的重建、医院、防风楼的建造等多方面做了诸多努力，但总的来说根本的救灾措施仍不完善。如防风林的建造、灌溉的改良、水文气象的监测预报水平的提高等一些长远方面的问题，在此救灾善后工作中较少实施。又或者随着灾民的逐渐安顿，灾后各种紧急事态的平复，一些列入计划之中的长远救治措施就逐渐被遗忘了。

《东方杂志》曾记载了一则名为《急则治标，缓则治本》

① 《关于赈灾来往函电》，《汕头赈灾善后办事处报告书》第1期，汕头赈灾善后办事处调查编辑部编印，1922年，第36页。

② 蔡英豪总辑：《澄海八二风灾》，澄海县文物普查办公室，1983年，第50页。

的杂评，其中说道："水旱灾荒是没有一年没有的，到处都是灾民，到处都是筹赈的机关，到处都有'热心助赈'的大慈善家，但是森林的栽培，灌溉的改良，谁耐烦去研究这些迂阔的问题呢？日本某些学者说中国各处因为没有保护森林的根本办法，将来不但灾荒永不会完了，而且全国都要变成一块不生产的沙漠哩。但是那些'热心助赈'的职业慈善家却永远也不会想到这种事情的。'急则治标，缓则治本'，这是中国人最通行的一句格言，可惜在实际上往往只用得前半句，后半句却是没有人注意的。治标和治本本来不能分为两事，如果在急的时候，只知治标而不知治本，则将治不胜治，永远是一个不解决。头痛医头、脚痛医脚的办法，是只有局部的病患才用得着，如果是全身的病患，难道这样便治得了吗？所以借'急则治标'的一句话，想用枝节的办法苟安一时的，不但不能得到效果，而且适足以暴露国民懒惰和怯弱的习性罢了。"①

由此看来，政府与各筹赈机关如果持有长远眼光，积极关注灾害的预防体制以及灾后的救助体制建设，跳出"头痛医头、脚痛医脚"的救灾怪圈，那么，当自然灾害再次降临，却也可以有"灾"无"荒"。

经验可贵，因为它可以使后人少走弯路，并可以利用以往的经验来做更多有益的事情；教训同样宝贵，前人用代价和牺牲换来的教训也给后世留下的印象更深刻，带来的启示更多。

---

① 《急则治标，缓则治本》，《东方杂志》1922年第19卷第15号。

无论清季“丁戊奇荒”还是民初八二风灾，它们对社会所造成的深重灾难，都让我们无法任其在历史中淡去，历史的教训值得我们进行深刻的反思，居安思危，及早做好防范。

第一，建立健全良好的防灾体制。清光绪初年，反动统治者趁机搜刮掠夺，并不关心防灾抗灾的建设，滥伐森林，水土流失，水利长期失修，这就极大地加重了自然灾害的严重性。“丁戊奇荒”，就河北省来说，即由于“河务废弛日甚”，“凡永定、大清、滹沱、北运、南运五大河，又附丽五大河之六十余支河，原有闸坝堤埝，无一不坏；减河引河，无一不塞”①。全国亦是如此，当时有名的改良派思想家王韬指出：“今河道日迁，水利不讲，旱则赤地千里，水则汪洋一片，民间耕播至无所施。”② 另外，乱砍滥伐造成的生态环境恶化与灾荒频发有着密切关系。陈炽指出，西北各省进入近代以后，战乱频仍，树木山林破坏严重，以致“千里赤地，一望童山旱潦为灾，风沙扑面。其地则泉源枯竭，硗确难耕；其民则菜色流离，饥寒垂毙”③。八二风灾突发之时潮汕当地情况与之类似，境内河道年久失修，经常泛滥，加上军阀混战，树木山林遭到严重破坏。沿海堤防又多矮小不坚，如新中国成立以前因各自圈围垦殖，澄海县各小围土堤堤面高程一般只有4—5米，面宽仅2米左

① 李文治编：《中国近代农业史资料（1840—1911）》第1辑，生活·读书·新知三联书店1957年版，第717—718页。

② 王韬：《兴利》，《弢园文录外编》卷2，中华书局1959年版，第45页。

③ 陈炽：《种树富民说》，《皇朝经济文新编》农政，卷1，中华书局2014年版，第154页。

右，每年农历九、十月潮涨浪高期间，时有漫顶危险，倘遇台风风暴潮，则溃不成堤。① 这就要求切实加强海河水利工程建设，加强对重要河道的疏浚及管理工作，确保排水的畅通与灌溉的应用。对年久失修、配套不合理的河堤和海堤要尽快维修改建，形成一个布局合理、脉络清晰、配套齐全的防旱、防涝、防潮的蓄水排水系统；同时，大规模开展植被生态工程，广泛植树造林，提高植被覆盖率，以发挥其蓄水、防风的作用。

第二，应充分发挥民间社会力量。“丁戊奇荒”与八二风灾虽为不同历史时期的两次自然灾害，却同时向我们展示了一条宝贵的经验，即充分利用社会民间力量。“丁戊奇荒”江浙绅商在三年多的救灾过程中，共募捐“百十万之银”，拯救了“百十万之命”②，取得的成绩令人瞩目。八二风灾更是一场民间力量救灾的大规模演习，民间人力、物力得到了广泛的动员和集中，这为潮汕战胜灾荒、恢复生产建设提供了重要保障。如果抛开民间救灾这一环节，单纯依靠政府的力量，救灾的后果如何，不堪设想。近代以来，民间组织的救灾在社会保障中占据重要地位，作用不容忽视，每当政府统治力衰微，民间力量便取代“公”的领域，在社会救济中起到重要作用。有的民间救灾团体根植于草根社会，更易实现社会救济基层化、彻底化、透明化，且有利于吸纳社会资

① 澄海县地方志编纂委员会编：《澄海县志》，广东人民出版社 1992 年版，第 259、750 页。

② 《上海筹赈无已时说》，《申报》1883 年 8 月 1 日。

源，弥补政府财力不足。

第三，政府救济责任的合理分担。光绪初年，清政府尚没有完全从太平天国等起义的糜烂之局中恢复元气，外国列强对中国入侵造成的边疆危机又开始困扰着清朝统治者，加上国内流民众多，以及各地此起彼伏的闹灾，清王朝处于内忧外患的动荡政治局面。“丁戊奇荒”爆发后，为了维护其统治，清政府不得不采取行政手段，调集人力、物力赈济灾民，这对于减轻灾区人民痛苦、安定社会秩序，无疑仍起到了相当重要的作用。但总的来说，清政府的赈灾是不力的，由于吏治的腐败，其救灾绩效在很大程度上被抵消了，清政府不得不下令各省协拨，并派官员前往香港及新加坡、泰国等地区和国家募捐，清政府并没有承担起灾荒救济应该负有的职责。清末民初，随着地方自治断断续续地推行，社会救济无一例外地被列入地方政府的行政范围，其中有国家推卸责任的意图，也是地方政府获得了一定财政支配权的结果。但是大宗稳定的税源几乎全为国家所享受，地方政府所能享受的只是一些杂税，财政能力十分有限，经费的短缺势必影响到地方政府救济活动的开展。八二风灾发生后，当地政府财政拮据，不得不四处乞赈，救灾赈款主要来源于国内商人团体以及国外华商力量的捐助。因此，在强化地方政府救济责任的同时，中央政府应该给予必要的资金调配和政策、管理相关方面的支持，担负起应尽的义务，否则赈灾活动的开展过程势必是艰难的。

第四，做好灾后重建工作。帮助灾民恢复生产、重建家园，

能够冲淡灾民的悲痛情绪，减少消极和负面因素。“丁戊奇荒”发生后，清政府的赈灾活动并没有止于施放赈粮等临时救灾措施，有关开垦荒地、禁种鸦片、兴修水利等善后事宜也引起了朝野上下的普遍关注，这些善后措施在一定时期和范围内促进了北方地区传统农业经济的恢复和调整，对于恢复和提高北方地区的防灾抗灾能力也有相当的助益，也是此次灾荒虽然重大却并没有引发大规模起义的原因之一。然而这些措施毕竟没有跳出传统灾荒观的局限，因而不可能从根本上改变落后低下的社会生产力状况，加之清政府在善后过程中很少触及日益腐败的吏治问题，其效果也就大打折扣。受灾地区的生态环境及经济发展在相当长一段时间内仍然无法走出此次灾荒的阴影，在很大程度上影响了灾区的近代化建设进程。1922 年潮汕八二风灾发生后，基层政权与各地救灾组织为了使灾民重建家园，制定了不少措施，从救济物资的筹集、赈款的拨发，到各地溃决河堤的抢修、农作物的种植、医院学校的修建，以及防风设施的建造，无论是临时救济还是善后事宜都给予了极大的关注。其中，善后问题尤其得到重视，东华医院将所筹款项的三分之二用于善后，表明他们救灾思想的提升。另外，地方官府“匿灾不报”现象不曾发生，相反却向海内外广发乞赈启事，请求各界力量给予援助。在社会各界力量的齐心合力下，潮汕灾区重建工作顺利开展，在灾后短短的两年内，各项事业基本恢复，并稳步走上近代化发展道路。

## 第三节 近代救灾机制的初步建立

历史学者杨鹏程曾指出，荒政的近代化包括器物与人事两个层面。所谓器物层面荒政的近代化，主要是指救灾信息、交通、新闻传媒等的时效性方面体现近代化的特色；而人事层面荒政的近代化则表现为，专司赈济的近代化机构的出现（包括常设性的和临时性的）、外国慈善机构和慈善家的介入（如红十字会、华洋义赈会等）以及“近代化的人”（如担任过民国总理的湘绅熊希龄）[①]。当然，考虑到时间与地点的差异，我们在论述近代化荒政的过程中无须严格比附杨氏的荒政近代化理论，但这一理论为我们的研究无疑提供了重要的参考价值。

夏明方通过对清季“丁戊奇荒”的赈济及善后问题的研究对这次荒政的性质作了详细的说明。他指出，清政府组织的这次赈灾活动，时间之长，地域之广，数量之多，是此前历史上任何一次救荒活动都无法比拟的。这对于减轻灾区人民的痛苦、安定社会秩序，无疑起到了相当重要的作用。且作为传统荒政在近代历史形成中的大规模实践，它还多多少少地打上了近代文明的烙印，渗入了不少诸如海外侨胞的眷属和国际社会的援助等新的因素。但清廷的这次赈灾活动实

① 杨鹏程：《从1934年湖南赈务看民国时期荒政近代化的趋向》，《湖南科技大学学报》（社会科学版）2005年第3期。

际上只是传统荒政的一种回光返照。对于民间组织的义赈，作者认为，虽然具有空前广泛的群众基础和较强的组织性，但就具体赈灾内容来看，基本上没有跳出传统荒政的范围。①而参照杨鹏程的荒政近代化理论，1922年潮汕八二风灾的赈灾活动在很大程度上已经突破了传统荒政的救灾模式，是一次具有明显近代化特点的救灾运动，其所展现出来的比较严密的救灾组织机构以及国内外新兴力量的大规模介入，标志着近代救灾体制机制的初步建立，客观上推动了中国近代新型赈灾机制的建立与完善。

## 一　专司赈济的近代化机构的出现

北洋政府时期已经设立了专司救灾的组织机构——赈务处。赈务处为临时之救灾组织机构，当各地出现比较严重的灾情时，一般由内务部附设赈务处负责处理，救灾结束后即撤销。1921年由于各地灾情较重，中央政府设赈务处，到1922年继续存在。潮汕八二风灾发生后，赈务处提议将所有汕头海关常关进出口货物一律附加一成，以一年为限，并在上海关税加余款项下筹拨十万元，交赈务委员会组织华洋放赈团体前往施放。地方上，汕头赈灾善后办事处救灾机构的成立在赈灾活动中尤其发挥了重要作用。该赈灾处为官商合办之临时救灾机构，灾发后由汕头市市长、商会会长，及其余重要商人七人组

① 夏明方：《清季“丁戊奇荒”的赈济及善后问题初探》，《近代史研究》1993年第2期。

一委员会，筹办赈灾事宜。赈灾处制定了自己的章程，并有一套严密、行之有效的救灾组织体系及明确的救灾方法，在很大程度上体现了救灾机构的近代化特点。例如赈款管理的规范化。八二风灾发生后，赈灾处特设稽查股，各港派来赈灾代表均为稽查股稽查员，对该处赈务及一切收支数目随时进行稽查，并将所收入赈款存入鸿裕、嘉发、有利、光益裕、鸿大多家银行进行管理。在“丁戊奇荒”民间义赈过程中，旅居上海的西方人士也曾成立一山东救灾委员会，由于其成员主要为新关税务司吉君、美国牧师孙罗伯、英国伦敦会牧师慕维廉等西方人士，主要任务是募集捐款，且为灾区之地方救灾机构，并没有起到一种统筹全局的作用，后来该会发展为中国赈灾基金委员会，因而与赈务处与汕头救灾善后办事处领导整个灾区赈济的、带有近代化特点的赈灾机构相比，有着性质上的根本区别。

## 二　新兴力量的积极参与

潮汕民众建立的救灾团体、善堂、公所等传统的救灾主体在此次赈灾过程中仍然发挥了很大的作用，说明传统的人际、地缘关系仍受重视，传统的救灾力量仍然很活跃。传统的救灾方法，如施粥、施药等，在该次救灾中依然得到了良好的传承。与此同时，新兴社会力量的作用凸显。在此次赈灾活动中，新兴社会力量如中国红十字会、华洋义赈会、报刊新闻界以及各地商会组织，包括海外华侨商会组织等新兴社会团体在内，均在救灾过程中发

挥了重要作用，且其救灾方法与传统救灾相比具有无法比拟的优势，反映出新生力量、新式救灾的优越性。例如，在医疗卫生方面，当时潮汕地区已有西医和现代的医疗卫生观念，所以各救灾公所或分所在处理公共卫生和防止疫病等问题时，采用了现代的方法，无论是对厕所的管理、沟渠的消毒清理、苍蝇的扑掠还是生物的食用等，均有条款明文规定，在药物的使用上也广泛运用西药。“丁戊奇荒”发生之时，虽然民间慈善组织有了很大的发展和转变，但诸如红十字会、华洋义赈会、商会等新兴社会团体并未成立，因而在救灾的社会基础和救灾的实际效果等方面大打折扣。

### 三　近代化的交通、通信手段

此次救灾活动，充分利用了现代化的交通、通信方式，凸显出近代化的特色。

首先是信息。救灾贵在迅速、及时。“丁戊奇荒”发生于光绪初年，这一时期赈灾信息传递手段仍然比较落后，报灾奏折往返之间，路程远的需要数月，最快的也要一两个月。有学者指出，“自县申府，府必驳查，自府中司申院司，院又必驳查，上下驳查而半月犹为速矣。之后题奏边境之乡，又非两月内外不能行县，倘若偏远之途，部更查勘，即非三月内不能得命。夫三月则百日也，民之告饥，非大水则大旱，曾可待之百日乎?”因而当清政府接到灾情奏折时，“灾”已成“荒”，远非清政府救灾能力所及了。民国初年，电报等通信设备有了很大的发展，使报灾—审灾—赈灾的过程时间缩短了一半以上，发自灾区的求助信息“在几天甚至几小时内，便可传遍世界”，“电线之所通，其消息之流传，顷刻可知”[①]。《申报》《大公报》《益世报》《东方杂志》等众多近代新闻媒体的日趋发展，也使灾讯的传播速度和准确度得到了根本性转变。正是借助这些新兴的交通、通信手段，八二风灾发生后，地方政府才能将灾情及时准确地公之于众，迅速传播到海内外各个地区和国家。

其次是交通。历代救灾方式多为移粟就民，而交通不便给赈粮的运输造成了诸多困难。“丁戊奇荒”发生之时，由于近代化交通——铁路和公路尚未兴起，比较先进的交通工具首推轮船，这样就使各地区之间的交通贸易受到很大的限制。除了大河流域交通还相对方便外，其余陆路只有靠旧式车运、牲口驮或人挑背负。清政府从各省调拨的漕粮和各省在丰稔之区采买的粮食，要运到河南、直隶和山东还算方便，要运到地处黄土高原的山西和陕西，则是相当困难的，以致“脚价数倍于米价”。如陕西省在运购外省粮米时，因“不通水道、劳苦万分”。赈陕粮从湖南湖北运到潼关后，大员“设法筹运，殚精竭虑，备历诸艰，昼夜焦思，鬓发为之一白”，亦无妥善之法。[②] 左宗棠在谈到西北交通不便时说：“弟度陇以来，备尝其苦，每念及此，犹为心悸。”[③] 1922 年，近代汽车、轮船、铁路等新式交通

---

① 中国史学会主编：《洋务运动》（1），上海人民出版社 1961 年版，第 501 页。

② 《续修陕西通志稿》卷 127，《荒政》（1），陕西省政府通志馆，1934 年，第 18—19 页。

③ 《左宗棠全集》书信 3，岳麓书社 1996 年版，第 434 页。

工具已经陆续出现，速度快、数量大，使远距离迅速移粟成为可能。潮汕一带自开辟汕头通商口岸后，汕头与中国沿海各地及南洋地区的近代交通也日趋发达，八二风灾发生后，凭借地理位置优势和近代交通工具，大大缩短了各地赈粮运往潮汕灾区的时间。同时，利用近代化的交通工具，药品、棚竹等其他救急物资也得以源源不断地接济，保障了整个救灾工作的有序顺利进行。

# 第六章

## 救灾所见政府与民间的关系

在传统中国社会，“溥天之下，莫非王土；率土之滨，莫非王臣”，中央与地方是主从隶属关系、指挥与绝对服从指挥的稳固关系。而在战乱、分裂的民初时期，这种控制受到很大程度的削弱。随着辛亥革命、二次革命、护国运动、护法运动等多次以省为板块宣告独立革命运动形式的爆发，中央政府的权威大大削弱，地方政府可以发出与中央不同甚至截然相反的声音。广东地区与中央的关系无论是在政治上、经济上还是地理上，都是比较疏远的。每当大的自然灾害发生时，地方社会更多地为服务于民众的利益承担起日益广泛的职责，中央却未能拥有足够的物质能力去履行其职责。1922 年八二风灾出现后，潮汕地区的救灾善后活动让我们看到了民国初年中央政府力量的相对削弱。

中央政府赈灾职能的疲弱为民间势力的扩张提供了空间。随着传统社会向近代社会的转型，民间的灾荒救助活动不再是一乡一族的事情，它已经变成整个民间社会的责任。在民间社会，商会以及中国红十字会等其他一些新兴社会团体变得日益

强大，这类团体越来越多地谋求将自身的利益认同于更广泛的当地社会共同体的利益，并且利用各种各样的方法去实现社会共同体的目标。从八二风灾的各项救助活动中，我们的确看到，救灾力量已经远远超出了宗法乡族的观念，整个社会都给予广泛关注，民间救助力量来自五湖四海。在灾荒的救助过程中，民间组织不分畛域地从事救灾活动，社会组织的救灾活动并未受到国家四分五裂的政治格局的影响而处于混乱状态，相反，恰恰是在政府较少干预的状态下较有序地进行。

在清末民初的中国，由于全国性的社会整合并未出现，潮汕地区的灾害救助主要是在地方官府、绅商与社会力量的共同参与下进行的，并呈现出合作与协调的态势。1922 年潮汕受灾区与县、乡与村的救灾活动，正是依托着当地政府、商会、善团等经济和慈善组织以及社会自治团体的密切协作这一救灾机制。这种机制或新制度形式的出现可以从以下两个方面做出合理解释：一方面，从当地政府看，它没有独自从事这种大的救灾活动所必需的经费资源，因而市县政府官员通常会向地区绅商、善团求助；另一方面，民间势力虽然自 19 世纪中叶以后出现明显的扩张趋势，新型组织团体开始兴起，并常常与国家合作从事公用事业建设、维持救济组织、调节争端等公共活动，但没有能实施大规模公共活动的政府体制组织，从而政府的领导与介入就是必不可少的。在自然灾荒与社会动荡加剧的国家衰败时期，对政府与社会力量共同参与下的协同活动的需要随之增加。八二风灾发生之时，中央政府衰弱，无力为救灾提供整体指导性意见，潮汕地方官员与商人、善团等民间团体接管了相关赈灾事务，二者在救灾中的良性合作使双方得到了双赢，各项救灾活动有序进展。

与此同时，在此次风灾的救济活动中我们发现了一个现象：在某种程度上，一种事实上的乡村自治相应地出现了。以樟林为例，作为一个乡村，在大灾之后能组织这样复杂的救灾复产工作，实属难能可贵，这应该归功于樟林乡的深厚文化底蕴和乡贤的自治能力，也与潮人的慈悲为怀及海内外侨胞倾力赈济分不开。这一现象被一些学者所注意，陈春声在以樟林为个案的乡村救灾动员机制研究中即指出，清末民初潮汕乡村的行政管理机制也发生了重大变化，出现明显的乡村自治倾向……樟林的救灾善后活动，使我们见到了民国初年政府力量相对减弱的情况下，乡村社会内部的力量是如何有效地利用各种传统和现代的资源，应对突发事件，维持社会的稳定和生活的延续的。

应当同时指出的是，民间组织公共功能的扩展并非意味着已经威胁到了政府权威。黄宗智指出："诸如商会或自治社团这样的新制度形式为形塑国家与社会间新的权利关系开拓了许多可能性。地方商会的商人群体或自治社团的士绅相对于国家的日益民主，当然是一种可能性。但国家控制的巨大强化却也是一种可能性……"[①] 通过对1922年潮汕地区八二风灾救助活动

① 黄宗智：《中国的"公共领域"与"市民社会"？——国家与社会间的第三领域》，邓正来、［英］J. C. 亚历山大编《国家与市民社会：一种社会理论的研究路径》，中央编译出版社1999年版，第436页。

的分析研究可以看出，中央政府职能的软弱确是一种事实，但国家与社会、地方官府与地方社会并未因此而出现紧张对立局面。相反，在“弱国家”的局势下，社会力量充分发挥自身的活力与地方政府密切协作，展现出二者之间的良性互动。

最后需要强调的是，社会力量虽然是一种可资且必须利用的资源，但如果缺乏中央政府的调配、管理和某些强制的规定，大的灾荒救济活动就很难取得全面的效果，社会组织需要一个强有力的中央政府向社会动员并整合资源。因此，国家职能的合理明确化与社会力量的有效动员利用以补充政府行政能力的不足一样，对救灾体制机制的顺利运行都是非常必要的。在中国，国家与社会的理性选择应是“强国家—强社会”，国家要有权威性，社会要有活力、自主性，并争取两者间的有效协调与合作。

# 参考文献


1. **档案资料**

汕头市档案馆藏:《二二年关于各捐税问题的文书材料》,档案号:12-9-329。

汕头市档案馆藏:《伪韩江治河处二二年十二月勘查韩江水患报告》,档案号:M011-11-48。

上海市博物馆藏:《壬戌潮汕风灾赈款进支征信录》,档案号:0417(257)。

上海市档案馆藏:《潮州会馆议案录》,档案号:Q118-9-13。

2. **地方志**

蔡英豪总辑:《澄海八二风灾》,澄海县文物普查办公室,1983年。

潮州市地方志办公室编,饶宗颐总纂:《潮州志·水文志》,潮州修志馆(汕头)1949年版。

陈历明主编:《潮汕文物志》,汕头市文物管理委员会办公室编印,1985年。

澄海县地方志编纂委员会编：《澄海县志》，广东人民出版社 1992 年版。

澄海县委员会编：《澄海县全属风灾调查报告表》，1922 年。

广东省汕头地方志编纂委员会编：《汕头市志》第 1 册，新华出版社 1999 年版。

贺益明主编：《揭阳县志 1986—1991 续编》，广东经济出版社 2005 年版。

汕头市档案馆馆藏资料（地方志）：《潮汕东南沿海飓灾纪略》，1922 年第 78 号卷。

汕头市档案馆馆藏资料（地方志）：《汕头市三灾纪略（初稿）》，1961 年第 323 号卷。

汕头市档案馆馆藏资料（地方志）：《汕头一览》，1947 年第 325 号卷。

汕头市档案馆馆藏资料（地方志）：《汕头专区九百年来自然灾害汇编（初稿）（水、旱、风、虫）1079—1960》，1961 年第 320 号卷。

汕头赈灾善后办事处编：《汕头赈灾善后办事处报告书》第 1 期，汕头赈灾善后办事处调查编辑部，1922 年。

3. **资料汇编**

潮汕百科全书编辑委员会编：《潮汕百科全书》，中国大百科全书出版社 1994 年版。

池子华等主编：《中国红十字运动史料选编》17 辑，合肥工业大学出版社2014—2022年版。
东华三院百年史略编纂委员会编：《东华三院百年史略》，香港东华三院，1970年。
龚胜生编著：《中国三千年疫灾史料汇编》，齐鲁书社2019年版。
古籍影印室编：《民国赈灾史料初编》（6册），国家图书馆出版社2008年版。
广东省澄海市人民政府侨务办公室、广东省澄海市政协文史资料委员会：《澄海文史资料》第16辑，1997年。
广东省文史研究馆编：《广东省自然灾害史料》，广东科技出版社1999年版。
来新夏主编：《中国地方志历史文献专集·灾异志》，学苑出版社2009年版。
李文海等主编：《中国荒政书集成》（12册），天津古籍出版社2010年版。
陆人骥编：《中国历代灾害性海潮史料》，海洋出版社1984年版。
钱钢、耿庆国主编：《二十世纪中国重灾百录》，上海人民出版社1999年版。
上海图书馆编：《盛宣怀赈灾档案选编》（19册），上海古籍出版社2019年版。
夏明方选编：《民国赈灾史料三编》（36册），国家图书馆出版社2017年版。

萧冠英：《六十年来之岭东纪略》，中华工学会1925年版。
杨华庭等主编：《中国海洋灾害四十年资料汇编（1949—1990）》，海洋出版社1994年版。
殷梦霞、李强选编：《民国赈灾史料续编》（15册），国家图书馆出版社2009年版。
中国红十字会总会编：《中国红十字会历史资料选编（1904—1949）》，南京大学出版社1993年版。
中国人民政治协商会议广东省委员会文史资料研究委员会编：《广东文史资料》第70辑，广东人民出版社1993年版。

### 4. 报刊、特刊

《晨报》
《慈善近录》
《大公报》
《东方杂志》
《京报》
《旅港潮州商会三十周年纪念特刊》
《申报》
《香港潮州商会成立四十周年暨潮商学校新校舍落成纪念特刊》
《益世报》
《澄海樟林八二风灾特刊》

### 5. 碑刻口述资料

百岁老人谢锦光忆八二风灾

澄海县八二风灾碑记

澄海县八二风灾捐款芳名碑记

前埔堤上“纪念碑”和“存以甘棠”碑记

暹罗赈灾纪念亭记

修复德邻东洲堤碑记

修复南砂牛埔堤碑记

盐灶发现收容灾童之“教养院碑记”

重修外砂灾尸义冢碑记

## 6. 专著

卜风贤：《农业灾荒论》，中国农业出版社2006年版。

蔡勤禹：《民间组织与灾荒救治——民国华洋义赈会研究》，商务印书馆2005年版。

蔡勤禹、景菲菲等：《近代以来中国海洋灾害应对研究》，商务印书馆2023年版。

陈达编：《南洋华侨与闽粤社会》，商务印书馆1938年版。

陈骅、杨群熙编著：《海外潮人爱国壮举》，汕头大学出版社1997年版。

陈历明：《潮汕史话》，广东旅游出版社1993年版。

陈业新：《明至民国时期皖北地区灾害环境与社会应对研究》，上海人民出版社2008年版。

池子华：《红十字与近代中国》，安徽人民出版社2004年版。

邓云特：《中国救荒史》，商务印书馆1937年版。

邓正来、[英] J. C. 亚历山大编：《国家与市民社会：一种社会理论的研究路径》，中央编译出版社 1999 年版。

杜桂芳：《潮汕海外移民》，汕头大学出版社 1997 年版。

杜俊华：《20 世纪 40 年代重庆水灾救治研究》，重庆大学出版社 2016 年版。

高文学主编：《中国自然灾害史（总论）》，地震出版社 1997 年版。

郭绪印：《老上海的同乡团体》，文汇出版社 2003 年版。

国家科委全国重大自然灾害综合研究组：《中国重大自然灾害及减灾对策（分论）》，科学出版社 1993 年版。

郝平：《大地震与明清山西乡村社会变迁》，人民出版社 2014 年版。

黄绮文、宋佩华：《潮人同乡社团遍全球》，汕头大学出版社 1997 年版。

黄杉、管琼编著：《四海潮人：潮汕帮》，广东经济出版社 2001 年版。

黄挺、陈占山：《潮汕史》，广东人民出版社 2011 年版。

黄逸平、虞宝棠主编：《北洋政府时期经济》，上海社会科学院出版社 1995 年版。

靳环宇：《晚清义赈组织研究》，湖南人民出版社 2008 年版。

孔繁文等主编：《森林灾害经济》，吉林大学出版社 1989 年版。

李军：《中国传统社会的救灾——供给、阻滞与演进》，中国农业出版社 2011 年版。

李开文、刘霁堂：《自强不息：广东潮汕人的胆气》，广东人民出版社 2005 年版。
李克让主编：《中国干旱灾害研究及减灾对策》，河南科学技术出版社 1999 年版。
李勤：《二十世纪三十年代两湖地区水灾与社会研究》，湖南人民出版社 2008 年版。
李庆华：《鲁西地区的灾荒、变乱与地方应对（1855—1937）》，齐鲁书社 2008 年版。
李文海、周源：《灾荒与饥馑：1840—1919》，高等教育出版社 1991 年版。
李文海等：《近代中国灾荒纪年》，湖南教育出版社 1990 年版。
李文海等：《近代中国灾荒纪年续编：1919—1949》，湖南教育出版社 1993 年版。
李文海等：《中国近代十大灾荒》，上海人民出版社 1994 年版。
李向军：《清代荒政研究》，中国农业出版社 1995 年版。
林济：《潮商史略》（商史卷），华文出版社 2008 年版。
刘仰东、夏明方：《灾荒史话》，社会科学文献出版社 2011 年版。
陆集源：《古今潮汕港》，中国文联出版社 2004 年版。
马敏：《官商之间：社会巨变中的近代绅商》，华中师范大学出版社 2003 年版。
孟昭华编著：《中国灾荒史记》，中国社会出版社 1999 年版。
闵祥鹏主编：《黎元为先：中国灾害史研究的历程、现状与未来》，生活·读书·新知三联书店2020年版。

钱实甫：《北洋政府时期的政治制度》，中华书局1984年版。

苏全有、李风华主编：《清代至民国时期河南灾害与生态环境变迁研究》，线装书局2011年版。

孙绍骋：《中国救灾制度研究》，商务印书馆2004年版。

孙语圣：《1931·救灾社会化》，安徽大学出版社2008年版。

汪汉忠：《灾害、社会与现代化——以苏北民国时期为中心的考察》，社会科学文献出版社2005年版。

汪志国：《近代安徽：自然灾害重压下的乡村》，安徽师范大学出版社2008年版。

王本尊：《海外华侨华人与潮汕侨乡的发展》，中国华侨出版社2000年版。

王林主编：《山东近代灾荒史》，齐鲁书社2004年版。

温艳：《民国时期陕西灾荒与社会》，社会科学文献出版社2021年版。

文姚丽：《民国时期救灾思想研究》，人民出版社2014年版。

吴继岳：《六十年海外见闻录》，南粤出版社1983年版。

夏明方：《民国时期自然灾害与乡村社会》，中华书局2000年版。

夏明方：《文明的“双相”：灾害与历史的缠绕》，广西师范大学出版社2020年版。

谢永刚：《中国模式：防灾救灾与灾后重建》，经济科学出版社2015年版。

薛毅：《中国华洋义赈会救灾总会研究》，武汉大学出版社 2008 年版。

杨鹏程等：《湖南疫灾史（至 1949 年）》，湖南人民出版社 2015 年版。

杨琪：《民国时期的减灾研究（1912—1937）》，齐鲁书社 2009 年版。

杨群熙、陈骅：《海外潮人的慈善业绩》，花城出版社 1999 年版。

杨荫溥：《民国财政史》，中国财政经济出版社 1985 年版。

叶宗宝：《同乡、赈灾与权势网络：旅平河南赈灾会研究》，中国社会科学出版社 2014 年版。

余新忠：《清代江南的瘟疫与社会——一项医疗社会史的研究》，中国人民大学出版社 2003 年版。

袁祖亮主编：《中国灾害通史》（8 卷），郑州大学出版社 2008—2009 年版。

张家诚等主编：《中国气象洪涝海洋灾害》，湖南人民出版社 1998 年版。

张涛、项永琴、檀晶：《中国传统救灾思想研究》，社会科学文献出版社 2009 年版。

赵晓华：《救灾法律与清代社会》，社会科学文献出版社 2011 年版。

赵晓华、高建国主编：《灾害史研究的理论与方法》，中国政法大学出版社 2015 年版。

周佳荣:《香港潮州商会九十年发展史》,中华书局2012年版。
朱浒:《地方性流动及其超越:晚清义赈与近代中国的新陈代谢》,中国人民大学出版社2006年版。
朱浒:《民胞物与:中国近代义赈(1876—1912)》,人民出版社2012年版。
朱杰勤:《东南亚华侨史》,高等教育出版社1990年版。
朱英:《转型时期的社会与国家——以近代中国商会为主体的历史透视》,华中师范大学出版社1997年版。
庄国土:《华侨华人与中国的关系》,广东高等教育出版社2001年版。
[美]李明珠:《华北的饥荒:国家、市场与环境退化(1690—1949)》,石涛等译,人民出版社2016年版。
[法]魏丕信:《18世纪中国的官僚制度与荒政》,徐建青译,江苏人民出版社2003年版。
[法]谢和耐:《中国社会史》,耿昇译,江苏人民出版社1995年版。
[美]施坚雅主编:《中华帝国晚期的城市》,叶光庭等译,中华书局2000年版。

7. **论文**

包泉万:《承平日久　莫忘灾荒》,《读书》2001年第8期。
毕素华:《民国时期赈济慈善业运作机制述论》,《江苏社会科学》2003年第6期。

卜风贤：《历史灾害研究中的若干前沿问题》，《中国史研究动态》2017 年第 6 期。

蔡勤禹：《民国慈善组织募捐研究——以华洋义赈会为例》，《湖南科技学院学报》2005 年第 2 期。

蔡勤禹、高铭：《中国近代应对海洋灾害机制变革研究——以江浙海塘修建为例》，《东方论坛》2022 年第 3 期。

陈春声：《“八二风灾”所见之民国初年潮汕侨乡——以樟林为例》，《潮学研究》第 6 辑，汕头大学出版社 1997 年版。

陈汉初：《华侨、港澳台同胞赈济潮汕“八·二”风灾灾民的追述》，《汕头侨史论丛》第 1 辑，汕头华侨历史学会，1986 年。

陈业新：《深化灾害史研究》，《上海交通大学学报》（哲学社会科学版）2015 年第 1 期。

池子华：《中国红十字会的 1912 年》，《钟山风雨》2002 年第 4 期。

冯金牛、高洪兴：《“盛宣怀档案”中的中国近代灾赈史料》，《清史研究》2000 年第 3 期。

郝平：《从历史中的灾荒到灾荒中的历史——从社会史角度推进灾荒史研究》，《山西大学学报》（哲学社会科学版）2010 年第 1 期。

郝平：《山西“丁戊奇荒”述略》，《山西大学学报》（哲学社会科学版）1999 年第 1 期。

洪永坚等：《中国本世纪死亡最严重的一次台风海潮灾害》，《灾

害学》1986 年创刊号。

康沛竹：《清代仓储制度的衰败与饥荒》，《社会科学战线》1996 年第 3 期。

李伯重：《“道光萧条”与“癸未大水”——经济衰退、气候剧变及 19 世纪的危机在松江》，《社会科学》2007 年第 6 期。

李文海：《甲午战争与灾荒》，《历史研究》1994 年第 6 期。

李文海：《论近代中国灾荒史研究》，《中国人民大学学报》1988 年第 6 期。

李文海：《晚清义赈的兴起与发展》，《清史研究》1993 年第 3 期。

李文海：《中国近代灾荒与社会生活》，《近代史研究》1990 年第 5 期。

林金枝：《论近代华侨在汕头地区的投资及其作用》，《汕头侨史论丛》第 1 辑，汕头华侨历史学会，1986 年。

刘五书：《论民国时期的以工代赈救荒》，《史学月刊》1997 年第 2 期。

刘仰东：《灾荒：考察近代中国社会的另一个视角》，《清史研究》1995 年第 2 期。

鲁克亮、刘力：《略论近代中国的荒政及其近代化》，《重庆师范大学学报》（社会科学版）2005 年第 6 期。

闵祥鹏：《回归灾害本位与历史问题：中古灾害史研究的范式转变与路径突破》，《史学月刊》2018 年第 6 期。

苏全有：《对近代中国慈善义演研究的冷思考》，《社会科学动态》2021 年第 9 期。

王卫平：《光绪二年苏北赈灾与江南士绅——兼论近代义赈的开始》，《历史档案》2006 年第 1 期。

王业键、黄莹珏：《清代中国气候变迁、自然灾害与粮价的初步考察》，《中国经济史研究》1999 年第 1 期。

王印焕：《1911—1937 年灾民移境就食问题初探》，《史学月刊》2002 年第 2 期。

王元林、刘强：《明清时期潮州粮食供给地区及路线考》，《中国历史地理论丛》2005 年第 1 期。

吴德华：《试论民国时期的灾荒》，《武汉大学学报》（哲学社会科学版）1992 年第 3 期。

吴榕青：《潮侨捐资与“八二”风灾后韩师的重建——潮汕华侨在本土教育捐资的个案研究》，《韩山师范学院学报》2001 年第 4 期。

夏明方：《清季“丁戊奇荒”的赈济及善后问题初探》，《近代史研究》1993 年第 2 期。

徐卫国：《中国近代邮政的经营管理述论（1896—1936）》，刘兰兮主编《中国现代化过程中的企业发展》，福建人民出版社 2006 年版。

杨剑利：《晚清社会灾荒救治功能的演变——以“丁戊奇荒”的两种赈济方式为例》，《清史研究》2000 年第 4 期。

杨鹏程：《灾荒史研究的若干问题》，《湘潭大学学报》（哲学社会科学版）2000 年第 5 期。

杨正军：《潮汕民间善堂组织的历史嬗变》，《汕头大学学报》（人文社会科学版）2015 年第 3 期。

余新忠：《文化史视野下的中国灾荒研究刍议》，《史学月刊》2014 年第 4 期。

钟佳华：《清末潮汕地区商业组织初探》，《汕头大学学报》（人文社会科学版）1998 年第 3 期。

周秋光：《民国北京政府时期中国红十字会的慈善救护与赈济活动》，《近代史研究》2000 年第 6 期。

周昭根等：《民国潮汕地区的霍乱防疫与公共卫生治理》，《潮学研究》2022 年第 1 期。

朱浒：《“丁戊奇荒”对江南的冲击及地方社会之反应——兼论光绪二年江南士绅苏北赈灾行动的性质》，《社会科学研究》2008 年第 1 期。

朱浒：《近代中国的灾荒与社会变局》，《近代史研究》2022 年第 2 期。